我們為何在此？

商務印書館

我們為何在此？

作　　者：史蒂芬・霍金（Stephen Hawking）
余珍珠　鄭紹遠　王國彝
陳天問　戴自海　胡悲樂
羅伯特・勞夫林（Robert Laughlin）
策　　劃：香港科技大學公共事務處
商務印書館（香港）有限公司編輯出版部
責任編輯：蔡耀明　楊志剛　陸錦榮　張宇程
封面設計：陸　翀
出　　版：香港科技大學公共事務處
香港九龍清水灣香港科技大學
http://www.ust.hk/
商務印書館（香港）有限公司
香港筲箕灣耀興道 3 號東滙廣場 8 樓
http://www.commercialpress.com.hk
發　　行：香港聯合書刊物流有限公司
香港新界荃灣德士古道 220-248 號荃灣工業中心 16 樓
印　　刷：美雅印刷製本有限公司
九龍觀塘榮業街 6 號海濱工業大廈 4 樓 A 室
版　　次：2021 年 1 月第 1 版第 3 次印刷

ISBN 978 962 07 5791 4
Printed in Hong Kong

序言

以淺白的文字，簡潔的文章，傳揚人類最前沿的智慧，是香港科技大學對社會的一項承諾。

2006年6月，科大高等研究院邀請到霍金教授來港，出席高研院首場傑出講座，發表題為《宇宙起源》的演說。霍金教授譽滿國際，他的演講全文，加上其他傑出科學家的鴻文，如今結集成書，讓讀者能夠認識人類傑出心靈對宇宙的觀察和體會，實在饒有意義。

抬首遙望穹蒼，宇宙浩瀚無垠，人類的確渺小得很。然而，人類對天體演化、物質結構和生命起源的探索，鍥而不捨，這份精神，亦顯得人類心靈的偉大。早在我國漢代，著名科學家張衡（公元前78～139年）便提出“渾天說”，他主張大地是圓形。所謂“天如雞子、地如卵中黃”、“天大而地小”、“天之包地，猶殼之裹黃”。張衡對宇宙的觀察，大膽提出大地是圓形，展現了人類追求真知、探索宇宙結構那份可貴的智慧。

隨着人類知識的進步，我們逐步了解更多大自然的奧秘。西方的科學史，從哥白尼、伽利略、開普勒、牛頓、愛因斯坦到今天的霍金教授；從地心說、日心說、經典力學、量子力學、相對論到今日的宇宙大爆炸，人類在認識宇宙的過程中，偉大的心靈，窮一生之力，試

第一部分

awking • hawking • hawking • hawking • hawking • hawking •

霍金的思想與人生

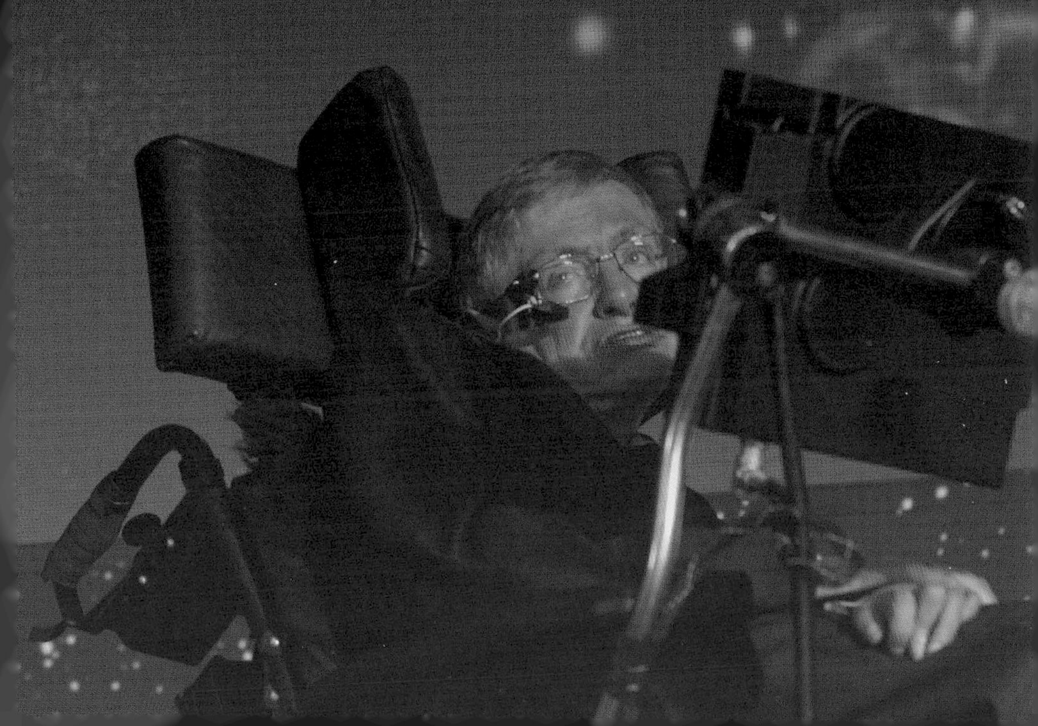

第一章　宇宙的起源

***霍金** (Stephen Hawking)*

根據中非波桑哥人（Boshongo）的傳說，太初只有黑暗、水和偉大的天神奔巴（Bumba）。一天，奔巴胃痛發作，嘔吐出太陽。太陽灼乾了部分的水，留下大地。他仍然胃痛不止，又吐出了月亮和星辰，然後吐出一些動物：豹、鱷魚、烏龜，最後是人。

世界萬物是怎麼來的？中非波桑哥人的傳說中，是天神奔巴嘔吐出來的。

上帝何時創世？

這個創世神話和許多其他神話一樣，試圖回答我們都想問的問題：我們為何在此？我們從何而來？一般的答案是，人類起源於較近期，因為早就顯而易見，人類在知識上和科技上不斷進步，所以人類不可能存在那麼久，否則人類應已有更大的進步。例如，按照愛爾蘭大主教厄謝爾（James Usher）的說法，《創世紀》把創世的時間定於公元前4004年10月23日上午9時。另一方面，諸如山嶽和河流的自然環境，在一個人的壽歲中改變甚微。所以人們通常把它們當作不變的背景，可能是永恒存在的空洞佈景，也可能與人類同時被創造。

左圖：愛爾蘭大主教厄謝爾，他根據《創世紀》推算出上帝創造世界的時間在公元前4004年10月23日。

右圖：德國哲學家康德，他認為不管宇宙有無開端，都會引起邏輯矛盾或者二律背反。

但是宇宙有開端這個概念，並非所有人都喜歡的。例如，希臘最著名的哲學家亞里士多德，相信宇宙已是永恆存在。永恆的事物比被造的事物更完美。他提出我們之所以經常看到發展的狀態，是因為洪水或者其他自然災害，不斷把文明回還原萌芽階段。相信永恆宇宙的動機是想避免求助於神意的干預，來創造和啟動宇宙的運行。相反地，那些相信宇宙有開端的人，將開端當作上帝存在的論據，把上帝當作宇宙的第一原因或者原動力。

如果人們相信宇宙有一個開端，那麼很明顯的問題是，在開端之前發生了甚麼？上帝在創造宇宙之前，祂在做甚麼？祂是在為那些問這類問題的人準備地獄嗎？德國哲學家康德（Immanuel Kant）十分關心宇宙有無開端的問題，他覺得，不管宇宙有無開端，都會引起邏輯矛盾或者二律背反（antinomy）。如果宇宙有一個開端，為何在它起始之前要等待無限久？康德稱它為"正題"。另一方面，如果宇宙已經存在無限久，為甚麼它要花費無限長的時間才達到現在的狀態？康德稱它為"反題"。無論正題還是反題，都是基於康德的假設，也是幾乎所有人假設的，就是時間是絕對的。也就是說，時間從無限的過去，向無限的未來流逝。時間獨立於宇宙，在這個背景中，宇宙可以存在，也可以不存在。

直至今天，在許多科學家的心中，仍然保持這樣的圖像。然而，1915年愛因斯坦提出革命性的廣義相對論。在這理論中，空間和時間不再是絕對的，不再是事件的固定背景。反之，它們是變量，受宇宙中的物質和能量影響。它們只有在宇宙之中才有意義，所以談論宇宙開端之前的時間是毫無意義的。這有點像去尋找比南極還南的一點一樣沒有意義。

宇宙是去年誕生的？

1920年代之前，一般接受的假設是宇宙根本不隨時間改變，所以沒有理由不能把時間的定義任意向過去延伸。我們總可以將歷史往更早的時刻延展，在這個意義上，任何所謂的宇宙開端都是人為的。於是，我們不能抹殺一個可能，就是宇宙是去年誕生的，但是所有記憶和物證，都被造成古舊的模樣。這就引發了有關存在意義的高深哲學問題。我將採用所謂"實證主義"(Positivism)方法來處理這些問題，它的中心思想是，按照我們建構的世界模型，來解釋感官經驗。人們沒法知道這個模型是否代表實際情況，只能問它是否行得通。怎麼樣的模型才是好呢？一，它能簡單而優美地解釋大量觀測；其次，它又能作出明確的預測，讓人們通過觀察來檢驗或證偽。

根據實證主義，我們可以比較宇宙的兩個模型。第一個模型，宇宙是去年被造的，而另一個模型，宇宙已經存在了遠為長久的時間。宇宙已經存在超過一年的模型，能夠解釋某些事物，例如一對超過一歲的孿生子，他們有共同的來源。

反觀宇宙去年被造的模型，它就不能解釋這類事件，所以第二個模型比較好。但是人們不能查問宇宙究竟在一年前是否確實存在過，抑或僅僅看來是那樣。在實證主義者看來，兩者沒有區別。

在不變的宇宙中，沒有存在一個自然的起點。然而，1920年代當哈勃(Edwin Hubble)在威爾遜山上開始利用100英吋胡克望遠鏡觀測星空時，有了根本的改變。

哈勃發現，恆星並非均勻分佈在太空中，而是聚集在稱為"星系"的大量的群體中。

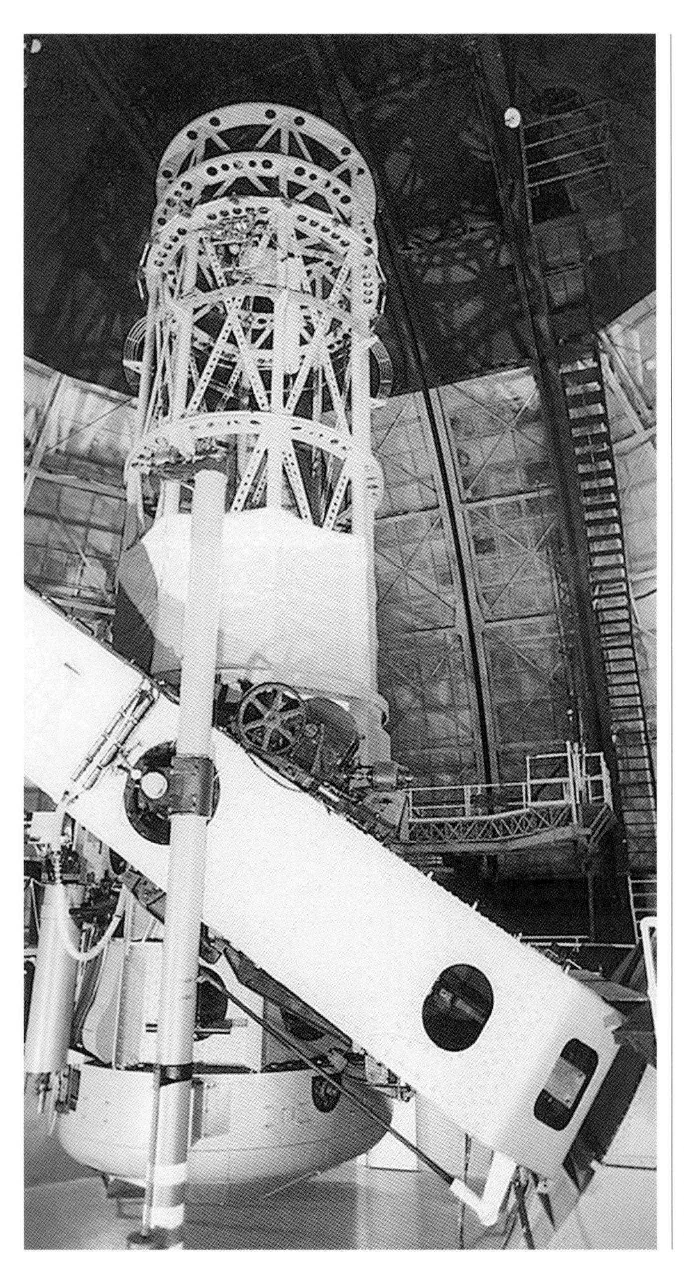

威爾遜山上的100英吋胡克望遠鏡，當年哈勃就是用它來觀測星空。
(Credit: Andrew Dunn)

哈勃發現，恒星並非均勻分佈在太空中，而是聚集在稱為“星系”的群體中。
此為螺旋星系－梅西耶 101（Messier 101）。*(Credit: NASA & ESA)*

所有的星系都離我們而去

哈勃透過測量來自星系的光，能夠確定它們的速度。他預料朝我們飛來的星系和離我們飛去的星系一樣多。這是在一個穩恆宇宙中應有的。但令哈勃驚訝的是，他發現幾乎所有的星系都離我們而去。此外，星系離我們越遠，飛離的速度越快。與所有人原來的想法相反，宇宙並非不變的；它正在膨脹，星系之間的距離隨時間增大。

宇宙膨脹，是20世紀，甚至是任何世紀，最重要的理智發現之一。它使宇宙是否有開端的爭論有了突破。如果星系現正互相遠離，那麼，它們在過去一定更加靠近。如果它們過去的速度一直不變，則大約137億年前，所有星系應該互相重疊。這個時刻是宇宙的開端嗎？

許多科學家仍然不喜歡宇宙有開端。因為這似乎意味着物理學崩潰了。人們為確定宇宙如何起始，就不得不去求助於外界的作用，為方便起見，可以把它稱作“上帝”。因此他們提出一些理論，認為宇宙此刻正在膨脹，但是沒有開端。邦迪(Bondi)、高爾德(Gold)和霍伊爾(Hoyle)於1948年提出的穩恆態理論(Steady State Theory)，就是其中之一。

穩恆態理論的主張，就是隨着星系互相遠離，假設物質在空間中連續創造，形成新的星系。宇宙永恆存在，在任何時刻看來都一樣。從實證主義的觀點來看，這性質有很大的優點，就是作為一個明確的預言，它可以透過觀察來檢驗。在萊爾（Martin Ryle）領導下，英國劍橋無線電天文組在1960年代早期研究了弱射電源（weak radio source）。它們在天空中分佈得相當均勻，顯示大部分都位於銀河系外。平均而言，較弱的射電源距離較遠。

穩恒態理論，對射電源數目和射電源強度關係有所預測。但是觀測表明，微弱的射電源比預測的更多，顯示射電源的密度，在過往比較高。這結果有異於穩恒態理論中，萬物都是恆久不變的基本假設。除此以外，加上其他原因，穩恒態理論就遭放棄了。

另一個避免宇宙有開端的嘗試，就是主張以前存在一個收縮期，但由於旋轉和局域的不規則，物質沒有聚在一點。反而，不同的物質會擦身而過，宇宙便重新膨脹，過程中密度保持有限。兩位俄國人，利弗席茲（Lifshitz）和卡拉尼科夫（Khalatnikov）竟然聲稱，他們證明了，沒有嚴格對稱的一般收縮總會引起反彈，過程中密度保持有限。這結果對於馬克思列寧主義的辯證唯物論十分便利，因為它避免了有關宇宙創生的棘手問題。因此，它成為蘇聯科學家的信仰文章。

奇點是時間的開端

當利弗席茲和卡拉尼科夫發表他們的主張時，我是一名21歲的研究生，為了完成博士論文，我正在尋找題材。我不相信他們所謂的證明，於是就着手和彭羅斯(Roger Penrose)一起發展新的數學方法去研究這個問題。我們證明了宇宙不能反彈。如果愛因斯坦的廣義相對論是正確的，就有奇點(singularity)存在，它具有無限的密度和無限的時空曲率，時間在那裏有一個開端。

1965年10月，也就是我首次得到奇點結果的數月之後，證實宇宙有一個非常密集開端的觀察結果面世了，那就是貫穿整個太空的微波背景。這些微波和微波爐中的微波是一樣的，但更微弱得多。它們只能將意大利薄餅加熱到攝氏負零下 270.4 度，解凍薄餅也做不到，更別説烤熟它了。實際上你自己可以觀察到這些微波。把你的電視調到一個空的頻道，熒幕上看到的雪花，有一部分是由微波背景所引起的。這背景唯一的合理解釋是，它是宇宙早期非常熱和密集狀態遺留下來的輻射。隨着宇宙膨脹，輻射一直冷卻下來，直至成為我們今天觀察到的微弱殘餘。

雖然彭羅斯和我自己的奇點定理預言，預測宇宙有一個開端，但它們沒有説明宇宙如何起始。廣義相對論方程在奇點處崩潰了。這樣，愛因斯坦理論不能預測宇宙如何起始，它只能預測一旦起始後宇宙如何演化。對

霍金：我可不想像伽利略那樣被送到宗教裁判所。

彭羅斯和我的結果可有兩種態度。一種認為上帝基於我們不能理解的原因，選擇宇宙啟動的方式。這是教宗若望保祿(Pope John Paul)的觀點。在梵蒂岡的一次宇宙論會議上，教宗告訴與會者，可以研究啟動後的，但是他們不應探究起始的本身，因為這是創世的時刻，是上帝的工作。我暗自慶幸，他沒有意識到，我在會議上剛發表了一篇論文，剛好提出宇宙如何起始。我可不想像伽利略那樣被送到宗教裁判所。

對我們結果的另一詮釋，也是得到大多數科學家贊同的詮釋，就是它顯示廣義相對論，在早期宇宙非常強大的引力場中崩潰了。必須用一個更完備的理論來取代它。這也是意料之內的，因為廣義相對論沒有注意到物質小尺度的結構，必須遵循量子論（Quantum Theory）。在一般情況下，因為宇宙的尺度和量子論的微觀尺度有天淵之別，所以問題不大。但是當宇宙處於普朗克尺度，也就是一千億億億億分之一米時，這兩個尺度變成相同，就必須考慮量子論了。

宇宙經歷了所有可能歷史

為了理解宇宙的起源，我們必須結合廣義相對論和量子論，實現這目標的最佳方法，似乎是採用費曼(Richard Feynman)將歷史疊加的概念。費曼是一位多姿多彩的人物，他在帕沙迪那的脫衣舞酒吧敲小鼓，又是加州理工學院傑出的物理學家。他提出一個系統從狀態A到狀態B，其過程經歷了所有可能的路徑或歷史。

每段路徑或歷史都有一定的振幅或強度，而系統從A到B的概率是將每段路徑的振幅加起來。一個由藍乳酪製成月亮的歷史，也可以存在，只是它振幅很低。這對於老鼠來說不是一個好消息。

若要求得宇宙現在狀態的概率，可以把終點為該個狀態的所有歷史疊加起來。但是這些歷史是如何起始的呢？這是一個改頭換面的起源問題。是否需要一位造物主下達命令，決定宇宙如何起始？抑或由科學定律來確定宇宙的初始條件呢？

費曼認為，一個系統從狀態 A 到狀態 B ，其過程經歷了所有可能的路徑或歷史。

事實上，即使宇宙的歷史回到無限遠的過去，這個問題依然存在。但如果宇宙只在137億年前起始，這問題就更迫切了。問到在時間的開端發生甚麼事情，有點像認為世界是平坦的人，要問在世界的邊緣發生甚麼事情一樣。世界是否一塊平板，海洋從它邊緣傾瀉下去嗎？我已經用實驗對此驗證過。我環球旅行，沒有掉下去。

宇宙的創生

人所共知，宇宙邊緣發生甚麼事情這問題，在人們意識到世界不是一塊平板，而是一個彎曲面時，便被解決了。然而，時間似乎與此不同。它看來和空間相分離，有如鐵路軌道模型。如果它有一個開端，就必須有人去啟動火車運行。

愛因斯坦的廣義相對論將時間和空間統一成時空，但是時間仍然異於空間，它有如一道走廊，或是有開端和終結，或是無限伸展。然而，哈特爾（James B. Hartle）和我意識到，當廣義相對論和量子論相結合時，在極端情形下，時間的性質有如空間的另一方向。這意味着，我們可以拋開時間開端的問題，有如我們拋開世界邊緣的問題那樣。

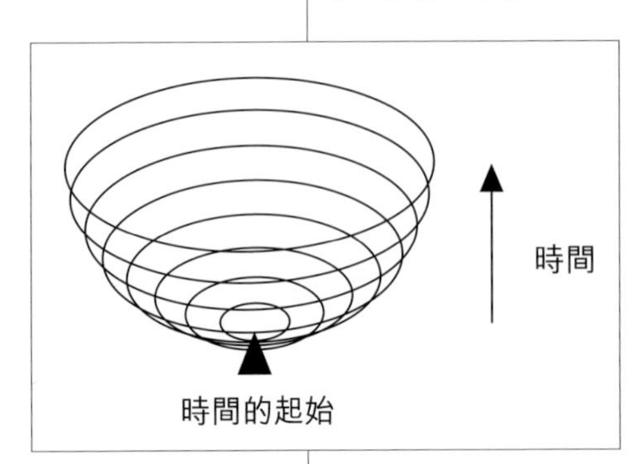

在宇宙的開端，
時間的性質有如空間的
另一方向。

假定宇宙的開端仿如地球的南極，緯度仿如時間。宇宙的起始點就在南極。隨着往北移動，相等緯度的圓圈，代表宇宙尺度，就會膨脹。追問在宇宙開端之前發生甚麼事情，就變成毫無意義的問題，因為在南極的南方沒有任何事物。

時間，以緯度量度，在南極處有一個開端。但是南極和其他任意一點非常相像。至少別人是這樣告訴我的。我去過南極洲，但沒有去過南極。

同樣的自然定律，在南極成立，正如在其他地方一樣。長期以來，有人認為正常定律在宇宙的開端會失效，因而反對宇宙有開端之説。而現在，宇宙的開端也遵循科學定律，所以據此反對宇宙有開端的説法不再成立。

哈特爾和我發展出宇宙自創的圖像，有一點像汽泡在沸騰的水中形成那樣。

從泡泡暴脹的宇宙

概念是宇宙最可能的歷史像是泡泡的表面。許多小泡會出現，然後再消失。這些泡泡對應於微小的宇宙，它們膨脹，但在仍然處於微觀尺度時再次塌縮。它們是其他的可能宇宙，但由於不能維持足夠長的時間，來不及發展星系和恆星，更遑論智慧生命了，所以我們對它們沒有多大興趣。然而其中有些小泡泡會膨脹到一定的尺度，安全地免了塌縮。它們會繼續以不斷增大的速率膨脹，形成我們看到的泡泡；它們對應於開始以不斷增加的速率膨脹的宇宙。這就是所謂的“暴脹”(inflation)，正如每年的物價上漲一樣。

通貨膨脹的世界紀錄，發生於第一次世界大戰後的德國。在18個月期間物價上升了一千萬倍。但是，它和早期宇宙中的暴脹相比實在微不足道。宇宙在比一秒還微小得多的時間裏膨脹了10的30次方倍。和通貨膨脹不同，早期宇宙的暴脹是非常好的事情。它產生了一個非常巨大和均勻的宇宙，正如我們觀察到的。然而，它不是完全均勻的。在把歷史疊加的過程中，稍微不規則的歷史和完全均勻與規則的歷史，擁有幾乎相同的概率。因此，理論預言早期宇宙很可能是稍微不均勻的。這些無規則性，在不同方向來的微波背景強度產生了微小的變化。MAP（按：現稱WMAP）衛星已對微波背景進行觀測，發現了和預測完全一致的強度變化。這樣，我們知道已找對方向。

早期宇宙中的無規性，意味着在有些區域的密度，會比其他區域的稍高。這些額外密度的引力使這個區域的膨脹減緩，最終使這些區域塌縮形成星系和恆星。仔細看微波天圖，它是宇宙中一切結構的藍圖，我們是極早期宇宙的量子起伏（quantum fluctuation）的產物。上帝的確在擲骰子。

在過去百年間，我們在宇宙學上取得了巨大的進步。廣義相對論和宇宙膨脹的發現，粉碎了宇宙永恆存在，並將永遠延續的古老圖像。取而代之，廣義相對論預測，宇宙和時間本身，都在大爆炸（Big Bang，又譯大霹靂）中開始，它還預測時間在黑洞中終結。宇宙微波背景的發現，以及黑洞的觀測，支持了這些結論。這

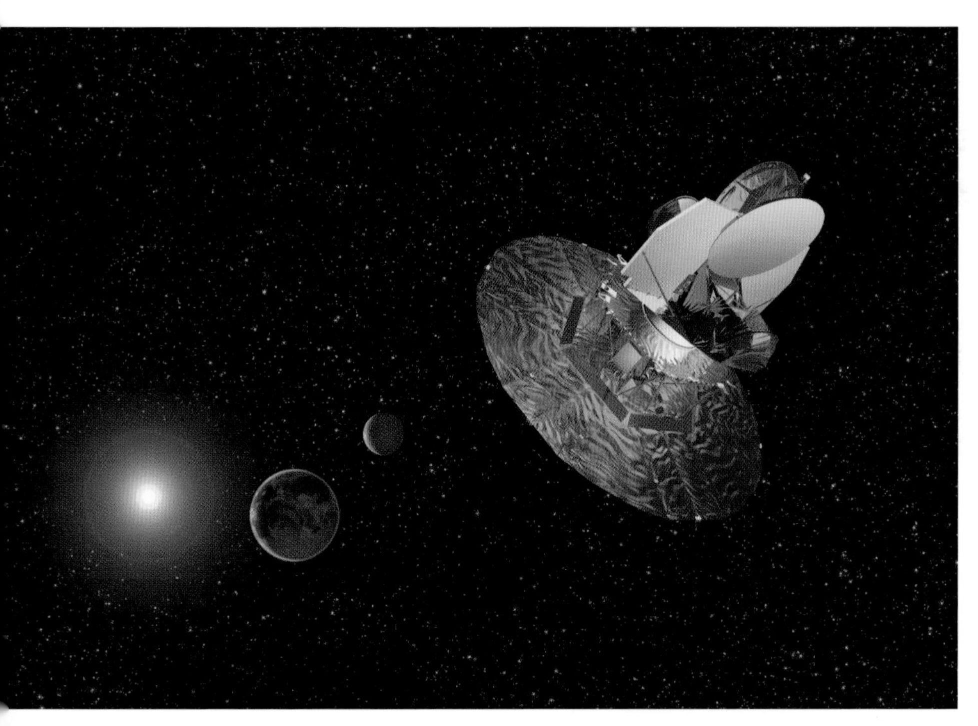

WMAP 衛星對微波背景進行觀測的想像圖。

（Credit: NASA / WMAP Science Team）

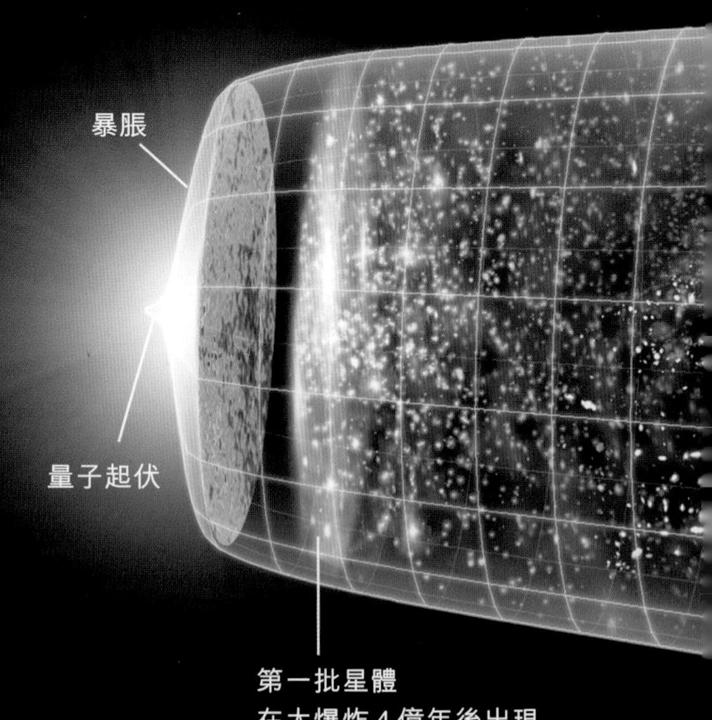

暴脹
量子起伏
第一批星體
在大爆炸 4 億年後出現
大爆炸擴
137 億年

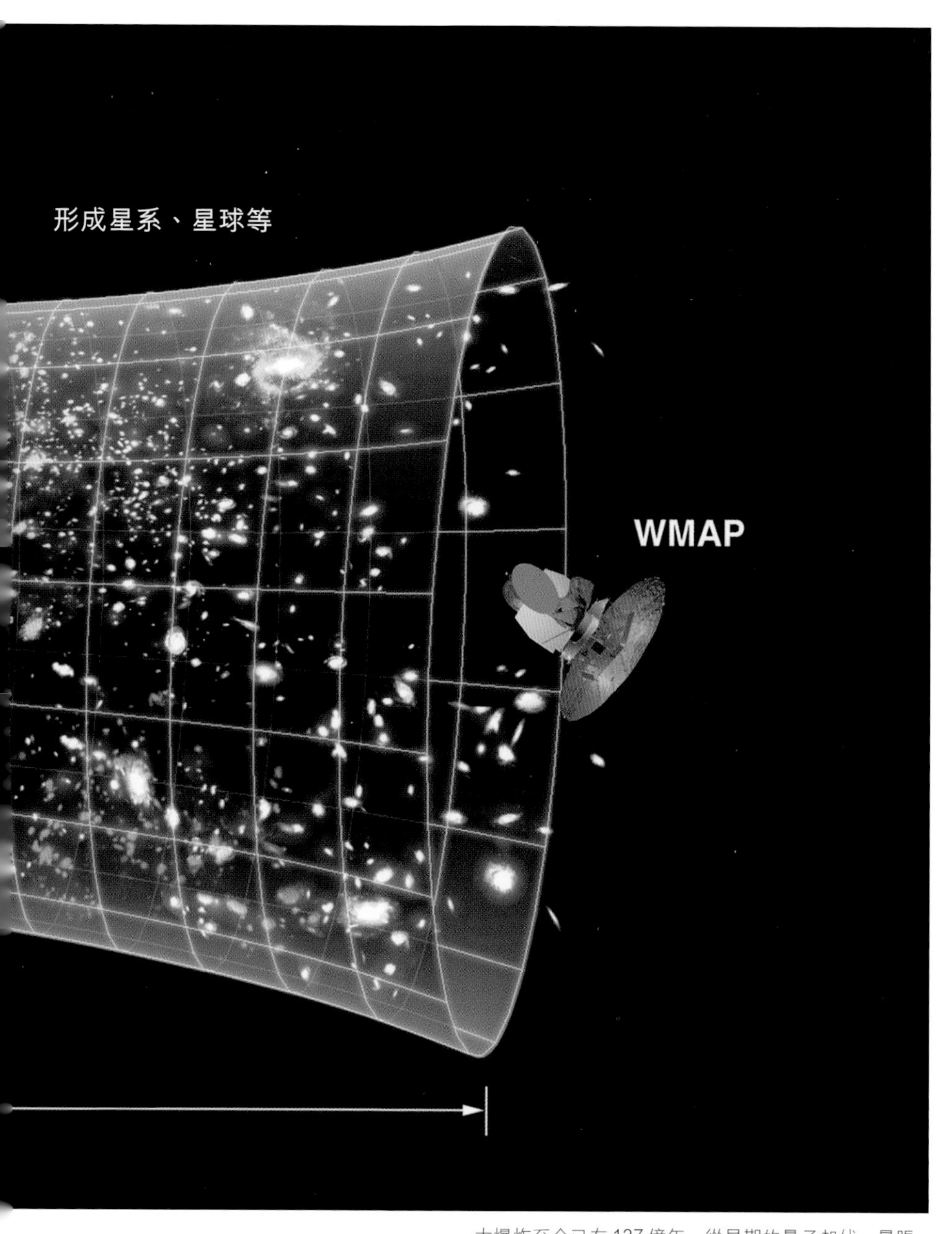

大爆炸至今已有 137 億年，從早期的量子起伏、暴脹，演化發展成星系、恆星以及宇宙中所有其他結構。
(Credit: NASA / WMAP Science Team)

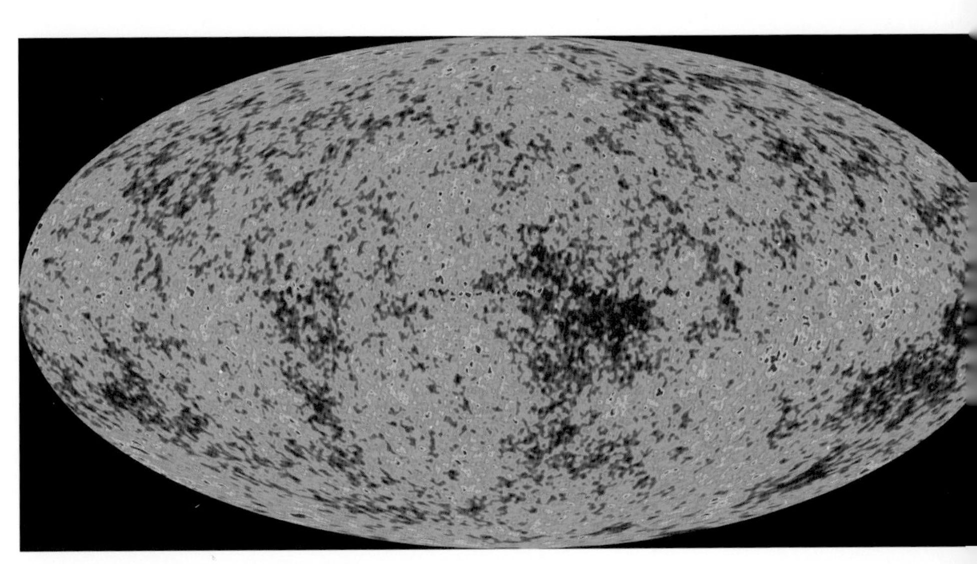

這張微波天圖是宇宙中一切結構的藍圖。（*Credit: NASA / WMAP Science Team*）

是我們對宇宙圖像和實體本身，一個深刻的改變。

雖然廣義相對論預測宇宙源於過去一個高曲率的時期，但它不能預測宇宙如何從大爆炸形成。這樣，廣義相對論自身不能回答宇宙學的核心問題，為何宇宙具有今日的形態。然而，如果廣義相對論和量子論相合併，就可能預測宇宙是如何起始的。它開始以不斷增大的速率膨脹。這兩個理論的結合預言，在這個稱作暴脹的時期，微小的起伏會演化發展成星系、恆星以及宇宙中所有其他結構。證據是在宇宙微波背景中觀測到的微小起伏，性質與預測完全吻合。這樣，我們看來正朝着理解宇宙起源的正確方向前進，儘管還有許多工作要做。我們將會打開一道理解極早期宇宙的新窗戶，就是通過精密測量太空船之間距離，以檢測引力波。引力波從宇宙最早的時刻自由地向我們傳播，所有介入的物質都無法阻礙它。相比之下，光受到自由電子多次散射。光的散射一直維持到 30 萬年，直至電子被凝結。

宇宙的未來

儘管我們已經取得了一些偉大的成就，並非一切問題都已解決。我們觀察到，宇宙的膨脹在長期的變緩之後，再次加速。對此我們還未能在理論上理解清楚。缺乏這種理解，我們就無法確定宇宙的未來。

它會繼續地不斷膨脹下去嗎？暴脹是一個自然定律

嗎？抑或宇宙最終會再次塌縮？新的觀測結果和理論上的進展，正迅速湧到。宇宙學是一門非常激動人心和活躍的學科。我們正接近解答這古老的問題：我們為何在此？我們從何而來？

翻譯：吳忠超

第二章

霍金的科學對話與人生妙語

編按：2006年6月霍金訪問香港期間，回應了不少媒體和大眾的提問，其中有關於科學的，也有關於人生的，摘錄如下：

科學對話

Q. 科學研究如何促進經濟發展？

A. 基礎科學研究應從科學考慮出發，不應由經濟帶動，但科研發展往往帶來經濟效益。例如，我的前輩、劍橋大學狄拉克（Paul Dirac）研發的電晶體，便成為現代電子及電腦工業的基礎；另一位同樣來自劍橋大學的克里克（Francis Crick）發現DNA結構，亦奠定了生物科技工業的基礎。

克里克發現DNA結構奠定了生物科技工業的基礎。*(Credit: Michael Ströck)*

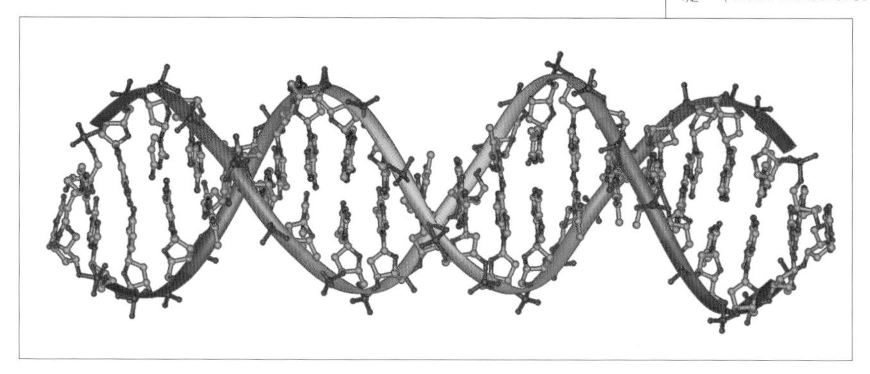

Q. 你認為人類真的可以移居第二個星球嗎？有需要這樣做嗎？

A. 20 年內，我們可在月球建立永久基地；40年內，則可在火星建立基地。但月球和火星都很小，缺乏或完全沒有大氣層。除非我們進入另一個星系，否則找不到像地球一樣美好的地方。擴展人類的生存空間相當重要，因為地球面對的危機愈來愈多，例如全球暖化、核戰、基因改造病毒或一些超乎想像的危險等。如果人類避免在未來數百年內自我毀滅，應尋找地球以外能夠生存的空間。

1919 年的日食觀察，證實了重力會扭曲光線。*(Credit: Arthur Eddington)*

Q. 重力（引力）會否扭曲光線？

A. 重力的確會扭曲光線，這是愛因斯坦1915年發表廣義相對論時的一個推測。太陽的重力扭曲了附近的空間，把經過的光線轉向。1919 年一次日食的觀察，證實了這個說法。遙遠的星體發出的光線在通過太陽附近時，光線的方向被扭曲了一個細小角度，

火星地表，霍金認為人類 40 年內可以在此建立基地。*(Credit: NASA / JPL / Cornell)*

引致星體影像的位置出現少許移動。

Q. 宇宙中有很多常數，例如光速、水的沸點。這些常數從何而來？因何而生？若這些常數改變會出現甚麼情況？

A. 自然裏的常數是由標準模型的參數決定。根據M理論，這些常數是由收縮了的六維空間裏的幾何形成的。常數的數值有很大空間，但大部分都不能產生適合發展生命的宇宙，只有少數宇宙能夠產生有智慧的生命，並且懂得探問為何自然的常數具有如此的數值。

Q. 上帝在宇宙扮演甚麼角色？

A. 法國科學家拉普拉斯曾向拿破崙解釋科學的法則如何決定宇宙的演化。拿破崙問他上帝在當中扮演甚麼樣的角色。“我不需要這個假設”，就是他的答案。

Q. 宇宙是否一個黑洞？

A. 驟眼看，宇宙大爆炸真的有點像一個黑洞塌縮過程的時間倒流。但兩者之間存在重大分別。在大爆炸期間，宇宙是流暢而劃一的擴張，只有輕微漲落。而黑洞的塌縮則是高度不規則、不均勻的。這個分別可以由無邊構想解釋。在虛時間裏，宇宙是一個關閉而趨近平滑的表面。可是，基於測不準原理（uncertainty principle），宇宙會出現微小的漲落，從虛時間延續到實時間，這些漲落會隨時間增加。當我們追溯過去，會發現這些漲落在早期宇宙時是輕微的，但在重力塌縮時就很巨大，早期宇宙不會是黑洞形成過程的時間倒流。

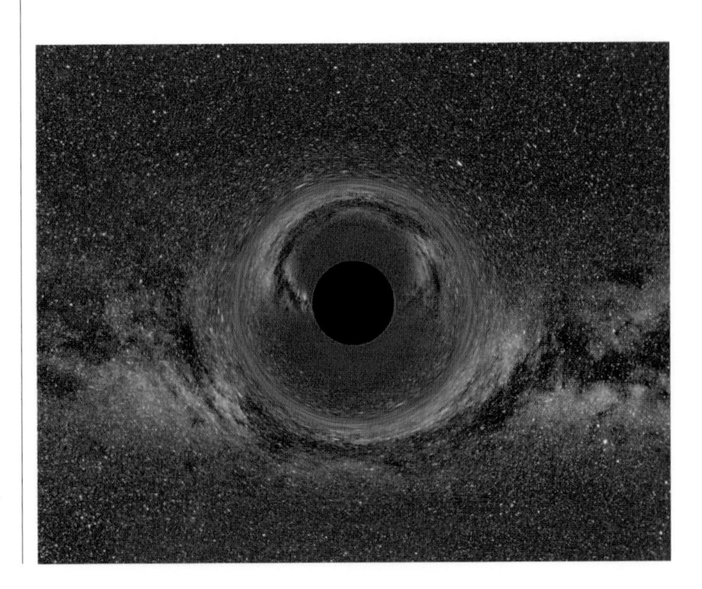

黑洞的塌縮是高度不規則、不均勻的。
(Credit: Ute Kraus)

Q. 你有何建議給對科學和宇宙有興趣的學生？

A. 我研究物理和宇宙，因為我想找出重大問題的答案：我們為何在此，從何而來。我鼓勵年輕人做同樣的事情。沒有甚麼比發掘前人未知的領域更叫人興奮。

人生妙語

Q. 你與子女的關係怎樣？你花很多時間跟他們相處嗎？

A. 我有三個很討人喜歡的子女，分別是Robert、Lucy和 Tim。雖然他們已長大成人，但我跟他們的關係仍很密切。這次陪我來港的女兒Lucy，她正和我合著一本兒童科普書，這本書有點像哈利波特和宇宙，對象也是同年紀的兒童。這本書主要談科學，不是魔法。

Q. 香港有一位癱瘓病人斌仔(鄧紹斌)曾要求安樂死，引起社會廣泛討論。你曾否因身體的狀況而感到沮喪？你又如何去面對？

A. 如果他想結束自己的生命，我認為他有權這樣做，但這是一個很大的錯誤。無論一個人的生命是如何的差勁，總有一些事情是可以做的，而且也能做出一點成績來。只要活着，便有希望。

Q. 你如何面對身體殘疾的挑戰，保持積極的人生觀？

A. 即使身體殘疾，總有很多事情可以幹，我便是一個例子。形體雖殘，精神不廢。否則的話，別人也不會理你。

Q. 為何你說話帶美國口音？

A. 我的語音合成器於1986年製成，已經很舊了。我仍然使用，是因為沒有其他我更喜歡的聲音，而且這已成了我的聲音。這套硬件既大又容易毀壞，而且零件也停產了。我一直試圖物色一套新軟件去代替，但看來很困難。其中一套軟件帶法國口音，我怕如果用了，太太會跟我離婚。

Q. 你還有哪些未完的心願？

A. 我仍想窺探黑洞內的秘密，宇宙如何開始，也許更迫切的是，人類在未來100年如何生存下來。我也想更加了解女人。

第三章

霍金女兒談霍金

余珍珠 香港科技大學高研院行政總裁

編按：2006年6月霍金訪問香港期間，香港科技大學高等研究院行政總裁余珍珠專訪了霍金的女兒露西．霍金（Lucy Hawking），其間談到霍金如何教育兒女、如何思考、喜歡甚麼音樂、如何鼓勵殘疾人士等，讓人對霍金有了更具體而鮮明的形象。訪談內容摘錄如下：

余珍珠（下稱余）：你們的香港之旅怎樣？

露西．霍金（下稱霍）：這趟旅程真是非常特別。我們真的十分期待來香港，心情非常興奮，因為我們知道香港是一個充滿活力和熱鬧的城市，不過我們倒沒料到香港人的反應如此熱烈，這令我們非常驚訝。

余：這股"霍金熱"就如旋風般橫掃香港，簡直是超乎想像，實在太好了！

霍：就是嘛！我們抵達香港機場才看到一些端倪。其實我們早便料到會有

霍金的女兒露西（*Credit: 香港科技大學*）

攝影記者在場，所以已經有所預備。對了，我們也享受了一次非常好的空中之旅。國泰航空好的沒話說，父親覺得非常舒適，整個航程都十分順利。當我們步下飛機，整個機場都鬨動起來！我從來也沒有遇過這種事，警察手牽手組成人鏈，把推來推去的人群隔開。父親的看護蒙尼卡（Monica）是一位長得高挑美麗又聰明的女性，她也只好死命地抓住父親！他們像逃跑般躲入升降機，然後把門關上，將我們都留在外面，而在場的記者也鬧哄哄的跑來跑去。機場的一幕真是讓我們非常感動，尤其是那些來接機的小朋友。

那些小朋友寫了一首歌，還製作了一幅特別的橫額。我們都感動得快要掉下眼淚來，因為對父親來說，能夠接觸世界另一端的年輕人是一件非常有意思的事。

余：我得告訴你，這些孩子是自動自發來接機，不是我們組織他們來的。

霍：我們還以為那一定是預早安排的呢！

獨一無二，多才多藝

余：不是的，他們都是發自內心的，真叫人驚訝。對了，請問你如何形容你父親史提芬．霍金呢？

霍：從某方面來說，這十分困難，他幾乎是無法形容的，因為他是如此非凡，無人可比。如果真的要形容他，我會先想到"獨特"一詞。他真的是獨一無二，而且多才多藝。最了不起的是，他的意志長期與殘疾和衰退症對抗着，卻又能保持正面樂觀的心態，換了是其他人，一定會覺得壓力非常沉重，沉重得令他們失去對其他事物的興趣。不過我父親卻能夠超越自己，以物理學探索宇宙。此外，他也十分重視人與人之間的交往，對人非常友善體貼，因此也得到其他人的關愛。你只要留意他怎樣和隨團的人相處，便會知道平常在他身邊，替他工作的人會是多麼尊敬愛護他，非常關心他。

父親除了對科學作出貢獻外，他在英國時也經常參與慈善籌款活動及為殘疾人士爭取改善公共設施。這些活動真的有很大的成效，現在殘疾人士的不論到哪裏也方便多了……所以說，有時我真不知道要怎樣形容父親。

余：他有沒有一個屬於自己的私人世界？你能否進入這世界？

霍：每個人也有私人世界。我認為即使是公眾人物也有權擁有私隱，和親友享受私人生活。作為一位父親和祖父，父親也有一普通的私生活，有很多十分關心他的朋友。現在每個週六，我們會一起看電影。在我們到訪香港前那個星期六，父親、我和蒙尼卡還一起去家附近的電影院看《達文西密碼》呢！

霍金非常關心子女

余：他是一個溫柔體貼的父親嗎？

霍：是的，他是一位非常關心子女的父親，常常想多了解及融入孩子的生活，並且十分努力維持和我們的關係。我的大哥住在美國西雅圖，他的兒子在幾個月前出生，父親為了看他的孫兒，竟長途跋涉跑到美國去。父親也和我的兒子非常親近，經常和他在一起，我和兒子在週末時都會待在他的家，也會在週末和他外出吃午飯，消磨一個下午。

余：你有沒有遺傳父親樂觀的基因？

霍：我絕對是個很樂觀的人，即使有時遇到挫折，但仍堅持樂觀。雖然我的樂觀主義也會受到挑戰，但總能很快回復過來。我熱愛生命，對甚麼也正面積極地面對。

余：霍金最令人感到不可思議的，是在重重逆境中仍能保持開朗的性格。你有沒有見過他感到難過或憂傷？

霍：他當然也有憂傷的時候，因為他也是人，有人的感情。當他得悉基斯杜化・李夫（Christopher Reeves，科幻電影《超人》的男主角，1995年參加一次馬術比賽時發生意外，脊椎嚴重受傷，全身癱瘓，2004年死於心藏衰竭。）去世時，更是難過得哭了。那是我最近一次看見他流淚，因為李夫是他的朋友，兩人曾經見面，也一直保持聯繫，因此李夫的逝世令他十分傷感。人生不會永遠稱心如意的，父親也總有感到哀傷、疲憊和寂寞的時候。這就是人生命的一部分，是人之常情。

把理論都圖像化

余：你說得對。有時我對他的思路感到好奇。你有沒有問過他是怎樣思考的？他是根據圖像、數字、聲音，還是文字來思考？

霍：這是一個有趣的問題。正巧他在不久前的一個電視節目中，談到把自己的思考過程變成圖像。

余：我明白了，你的意思是他會把理論都圖像化了？

霍：這我也答不上來，因為那個節目是有關思考過程中的影像特性。

余：那你有沒有發覺他的思想常在宇宙和日常生活中來來回回？

霍：這是一個有趣的問題！有時你跟他説話，會發覺得他心不在焉，根本是在神遊太虛！這不是很有趣嗎？不過我倒認為他完全能掌握生活和科研。

余：而且他很有耐性？

霍：是的，父親是個極有耐性的人，他的看護也一定認同。有時他雖然要辦一些緊急的事，但如果有新的看護，他會細心地説明他的要求及怎樣做。

如何教育兒女？

余：作為霍金的女兒，你要代表他發言，也要把他的學説傳承下去，你會不會感到很大壓力？

霍：天啊！昨天已經有很多記者問過這問題，他們問我是否要肩上很多責任？會不會感到很大壓力？的確，我年輕時曾這樣感到困惑，我知道自己永不可能有父親的成就，這是一種十分負面的想法，令人覺得自己一事無成，不過我已經克服了，因為當我漸漸長大，便開始明白不必和父親比較，只要凡事盡力，看清自己的長短處，再取長補短就可以了。我現在非常滿足，因為對我和父母來説，只要我能夠盡力做好自己就足夠了。

余：在霍金身邊長大有甚麼感覺？

霍：我有一個非常愉快的童年，劍橋是一個適合小孩子成長的地方，周圍都是樹木，經常陽光普照。雖然劍橋是一個安靜的地方，但卻帶點田園風味，不會令孩子覺得無聊，而且那裏也有很多年輕人，所以我交了很多朋友。現在當我看着兒子，就感到我倆的童年截然不同。我在十二歲才第一次考試，但現在的孩子五歲便得考試，當年我還不知道"考試"是甚麼呢！

余：難道你父親沒有考你嗎？

霍：沒有，他沒有需要這樣做。老實説我也不知道為甚麼……？

余：他沒有替你溫習考試嗎？

霍：當然沒有！父親對我們所做的總是很有興趣，不過他和母親都不會給我們大太壓力，不會老在背後叫我們"去呀！去呀！"。當然父母也對我們有所期望，這是理所當然的事。

余：對，不過他卻不會抱着不切實際的期望。

霍：一點沒錯。父親曾滿懷希望問我會否投身科學界，我説"不"，他接受了，因此我的在寫作上的創意比研究光譜高得多。

父女合力創作科幻故事

余：聽說你正在和父親合作寫書，你們是如何分工的？

霍：這本書的靈感其實是來自我八歲的兒子。我希望以故事的形式給兒子解釋父親的學說，並徵詢父親的意見。我們花了整整一年挑選適合的題目以及嘗試了解兒童對科學理解的程度。我草擬了故事大綱，由於我很了解父親，熟知他的喜惡，並將他的生平融入故事中，因此我把大綱交給他時還蠻有信心的。我的故事裏有一位很像父親的年輕科學家，向孩子們解釋物理理論。

余：真是有趣極了！那就是說，當你構思故事時，你把父親想成是一個年青人。

霍：正是！其實變成年青人全是父親的主意。

余：沒有甚麼比父女合力創作更好了。

霍：就如我所說，我們一直也有寫書的念頭。我們認為應善用我作為作家的創意和組織能力，創作一部既是兒童故事書也是物理讀物的作品。兩者看似互不相干，但我們卻將之融合，雖然花了不少時間，不過我非常滿意。現在這本書還沒有完成，我會繼續努力。

余：這本書可說是你父親的投影，一個幻想故事，同時也是科幻故事，是你送給父親的禮物嗎？

霍：也是他送我的禮物！如果我們把這本書想成是一份禮物，那應該是送給我兒子的。我想書的題詞會是：贈威廉，愛你的母親和外祖父。

余：這本書是由你來起草，他提意見？

霍：是的。我們會先交換意見，然後我將之歸納寫成故事，再電郵給父親提意見，再進行修改。有時他會指出我的創作在科學的角度看來是說不通的，有時他會說我的故事太天馬行空……真是很有趣呢！

愛煞了華格納

余：你說霍金喜歡音樂，更會在工作時播放華格納的樂曲？

霍：他愛煞了華格納。他有一台iPod，裏面有他喜歡的樂曲。由於我們住的酒店房間是相連的，所以每當早上音樂響起時，我就知道他已起床了。我看過他的iPod，裏面有很多莫札特和貝多芬的樂曲，華格納的反而不多，我想酒店的其他客人會大呼“好險”吧！(按：華格納的曲風比較雄壯)

霍金喜歡音樂，尤其愛煞了華格納。*(Credit: Cäsar Willich)*

余：看來他真是分身有術呢！可以同時聽音樂、研究物理，還有兼顧生活、朋友和家人。

霍：是的。這次的訪港之旅把所有該做的都共冶一爐，父親可以跟其他科學家交流，這對他來說是極為重要的。另外，他也十分支持香港科技大學，希望此行能幫上忙。

余：這也使我們非常感動呢！我們真的非常感謝霍金為我們做的一切。

霍：父親一向也非常熱心支持科學教育，不過媒體好像只集中在他“想多了解女性”一事上。

余：這正是我想問他的事呢！

霍：父親很愛開玩笑。事實上，可以讓公眾知道他活潑的一面是一件好事，不過前題是不影響他嚴肅的科研工作。另外他也很熱心推廣科學的教育工作，鼓勵年青人從事科研及讓有志者獲得深造的機會。

余：我一直在想，霍金得到全世界人的喜愛和崇拜，人們把他看成是一位超級英雄，甚至是半個神。

霍：在英國有不少年青人最尊敬人物選舉，除了英格蘭國家隊隊長碧咸(David Beckham)外，他們最尊敬的就是史提芬・霍金。

形體雖殘，精神不廢

余：你認為霍金想留給後世一個甚麼印象？

霍：這真是一個好問題！我想父親一定希望人家記得他對科學的貢獻以及他對科學嚴謹認真的態度。他是一個偉大的科學家。他也希望大家記得他是一個享受生活、愛好音樂、喜歡鑑賞美女的人。當然，父親也是一個敢於接受挑戰的人，把不可能變為可能。他曾經在演講中提及他對殘疾的看法，內容感人至深。他說："形體雖殘，精神不廢。"最令我感動的是父親以身作則，用自己的經歷鼓勵其他殘疾人士，讓他們知道自己不是低人一等的。

霍金用自己的經歷鼓勵其他殘疾人士。*(Credit: 香港科技大學)*

余：他把這重要的訊息帶給我們，教我非常感動。十分感謝你接受我的訪問。

翻譯：羅宇正

第四章

霍金、第一動因與人類命運

鄭紹遠　香港科技大學理學院院長

1642年1月8日，伽利略逝世；同一年，牛頓降生。三百年後的1942年，就在伽利略逝世那天，霍金出生了。這些偉大天才誕生的日子這麼巧合，在科學和人類發展史上，留下了一個讓人充滿想像空間的話題——上天為甚麼如此安排？

霍金是最早用愛因斯坦廣義相對論推演宇宙演變的科學家之一。他在著作《時間簡史》中，提出“宇宙起源於大爆炸，並將終結於黑洞”的斷論，已被科學界所接受。可以說，時空的歷史與未來，就是霍金的研究對象。

1642年1月8日，伽利略逝世；300年後的同一天，霍金出生了。
(Credit: Ottavio Leoni)

從歷史看，當代宇宙學的誕生，可以天文學家哈勃（Edwin Hubble）的觀察和研究作為起點。哈勃於1929年在天文觀察中發現，河外星系的光譜，出現了紅移現象，由此推斷，愈遠的星系以愈快的速度離我們而去，這表明整個宇宙是處於膨脹狀態。若將時間倒溯到過去，估計在100億至200億年前，宇宙從一個極其密緻、極熱的狀態中大爆炸而產生。

伽莫夫早就預言，早期大爆炸的輻射，仍殘留在我們周圍。

1948年，俄裔美籍宇宙學家伽莫夫(George Gamow)發表了一篇熱大爆炸的文章，他作出了驚人的預言——早期大爆炸的輻射，仍殘留在我們周圍。不過，由於宇宙膨脹引起的紅移，其絕對溫度只餘下幾度左右。在這種溫度下，輻射是處於微波的波段。到1965年，美國AT&T貝爾實驗室的彭齊斯（Amo Penzias）和威爾遜（Robert Wilson）無意中發現到宇宙背景3K微波輻射，讓宇宙膨脹理論，得到強大的支持和論證基礎。

廣義相對論陷入困境

霍金在愛因斯坦相對論的基礎上，提出新的修正和補充。霍金和研究拍檔彭羅斯（Roger Penrose）推斷，在極一般的條件下，空間－時間必然存在着"奇點"（singularity）。他們二人於1970年證明了"奇點定理"（The Hawking Penrose Singularity Theorem），並由此獲得1988年的沃爾夫物理學獎（Wolf prize）。

按照廣義相對論，宇宙從大爆炸奇點開始，即是大爆炸的起點。奇點是一個密度無限大、質量無限大、時空曲率無限高、熱量無限高、體積無限小的"點"，在奇點處，一切科學定律包括相對論本身都失效了，甚至連時空也失效。奇點可以看成空間和時間的邊緣或邊界，只有給定了奇點處的邊界條件，才能由愛因斯坦方程闡釋到宇宙的演化。但邊界條件只能由宇宙外的"造物主"所給定，因此，宇宙的命運和演化，無疑是操縱在造物主手上，這樣一來，我們又回到牛頓時代，一直困擾人類智慧的"第一動因"(first cause) 問題——宇宙的起源和演化，真是由造物主看不見的手推動？

若果奇點是非物理性的，一切科學理論都失效，這樣一來，就構成宇宙學最大的疑難，廣義相對論也陷入了理論困局。霍金回憶，"廣義相對論在奇點的崩潰，將破滅我們預言宇宙未來的幻想。"，故此必須另闢蹊徑去解決這個問題 (參見"果殼裏的60年"一文)。霍金相信，在宇宙極早期，整個宇宙非常微小，故此必須考慮量子效應，把廣義相對論的思想和量子場結合起來；對於宇宙奇點疑難，也必須用量子引力論才能解決。

1983年，霍金和哈特爾 (James B. Hartle) 發表論文"宇宙的波函數"，正式提出"無邊界宇宙"的設想，即"宇宙的邊界條件就是沒有條件"。如果時空沒有邊界，就毋須造物主的第一動因。霍金論證，宇宙的量子態是處於一種基態；空間和時間可看成一有限無邊的四維面。

打破"第一動因"的苦惱

既然宇宙是一個有限無邊的閉合模型，由此我們便得出一個"自含"、而且是"自足"的宇宙，亦即在原則上，人類憑科學定律，便可以將宇宙中的一切論證出來。霍金和他的學生吳忠超證明了，在無邊界假定的條件下，宇宙必須從零動量態向三維幾何態演化，於是經典奇點疑難，就被量子效應所解決了，而且宇宙的起點正是由此奇點開始。人類"第一動因"的三百年迷惘，也就打破了。

既然宇宙是"自含"的、"自足"的，也就是說，宇宙是自己創造自己、自己發展自己。霍金相信宇宙是可以認識的、可以理解的，但他又同時冷靜地認識到，人類不可能窮盡對宇宙的完全認識。

可以說，人類對宇宙一切的認識只能是相對真理。正如科學哲學家波普爾(Karl Popper)指出，人類在無窮的相對真理的長路中不斷探索、不斷進步、通過"除錯法"，不斷認識真理、逼近絕對真理。人類在認識宇宙的過程中，得到無窮的啟迪；而人類的文明也得以不斷進步。

這種對科學定律和真理鍥而不捨的探究精神，就是人類文明發展的動力，人類的生命在追尋真理的過程中，顯得無比珍貴。所以，在科大召開的霍金記者招待會上，有記者提問，因病身體不能活動的斌仔(鄧紹斌)要求安樂死，這種做法究竟對不對？霍金首先表示，他有這種選擇自由，肯定人類自由選擇的價值，但他卻隨即指出，生命的可貴，尋死是愚笨的決定，只要活着，就有希望。

人類命運掌握在自己手上

事實上，霍金一生的確充滿傳奇。他在牛津大學攻讀博士學位時，患上肌肉萎縮症。這種疾病不僅難以治癒，並且會影響到控制運動功能的那部分大腦。這個頑疾到最後使霍金全身不能動彈，只得兩根指頭可以隨心所欲。但他沒有因此而意志消沉，反而以不屈的堅強意志，克服困難，透過人類的理性和智慧，對時間、空間、黑洞、宇宙起源與未來建立新研理論和範式，震撼整個科學界。

2006年6月15日，霍金於在科大的公開講座後，接受提問。有人問他，身體的殘缺並沒有阻擋到他的前進，他憑甚麼力量克服困難？霍金很清楚表示，“形體雖殘，精神不廢”。這種堅毅不拔的精神，充分肯定了人類在宇宙中存在的價值，也充分顯露了人類生命的價值。也因為有這種堅毅不拔、鍥而不捨的精神，人類才有力量和智慧，在有限無邊的茫茫宇宙中，孤獨地尋找宇宙的起源和自身存在的原因！

沒有“第一動因”，人類的前途和人類社會的發展，也像宇宙一樣，是自己演化自己，自己發展自己！

第五章 # 霍金與黑洞

王國彝　香港科技大學物理學系教授

在霍金的研究成果中，關於黑洞本質的探討極為引人注目。今日的天文學界已廣泛接納黑洞的存在，但在很多人眼中，黑洞仍然神秘莫測。黑洞真是黑的嗎？如果黑洞是黑的，我們怎樣知道它存在？黑洞的強大引力能吞噬周圍的物質，是一個從無序重歸有序的過程，會不會違反宇宙從有序變為無序的自然定律？黑洞是不是一條通往未來時空，甚至是其他宇宙的隧道？我們可以想像對自然界充滿好奇的霍金，也會為這些問題着迷。在研究過程中，甚至令他本人也感到出乎意料的，就是發現黑洞也不是完全漆黑一片，而是可以發出輻射的。這出人意表的發現，今日一般人稱為"霍金輻射"。我將在本文中，介紹霍金在黑洞研究中的貢獻，也藉此了解一下他個人風格上有趣的一面。

黑洞代表萬有引力的勝利

在星體的演化過程中，萬有引力（重力）使星體產生向內塌縮的壓力。在星體還生存的時候，核聚變不斷燃燒氣體，產生光和熱，也產生向外的壓力，抵消向內的萬有引力，使星體維持在一個平衡狀態中。可是當星體漸漸老化的時候，可用的核燃料逐漸消耗淨盡，再沒有向外的壓力和萬有引力對抗。於是當星體死亡的時候，萬有引力使它變成高密度的物體，稱為“致密星體”（compact star）。例如我們的太陽，從誕生到現在，相信已有50億年的歲數。科學家預測它的壽命是100億年，於是從現在算起50億年後，太陽也會步向死亡，變成致密星體。

因此，致密星體可説是星體演化的殘骸，它的形態由星體的質量決定。質量和太陽相彷的星體，死亡的時候會變成白矮星（white dwarfs）。質量再大一點的，死亡的時候會產生強烈的爆炸，稱為“超新星爆炸”（supernova explosion），爆炸後會留下一顆中子星（neutron star）。質量最大的星體，死亡的時候留下的殘骸，就是黑洞。這類黑洞的質量約為數個至數十個太陽的質量，半徑約為數公里至數十公里，所以它密度之高，簡直不能想像。因此可以説，黑洞代表萬有引力最終的勝利！

連光也不能逃逸

黑洞之所以是黑的，就是因為它的萬有引力，強大至連光也不能逃逸。換句話説，黑洞邊緣的“逃逸速度”，達到光速那麼高！我們都知道，要從地球發射太空船，離開地球引力範圍進入太空，它的速度必須超過

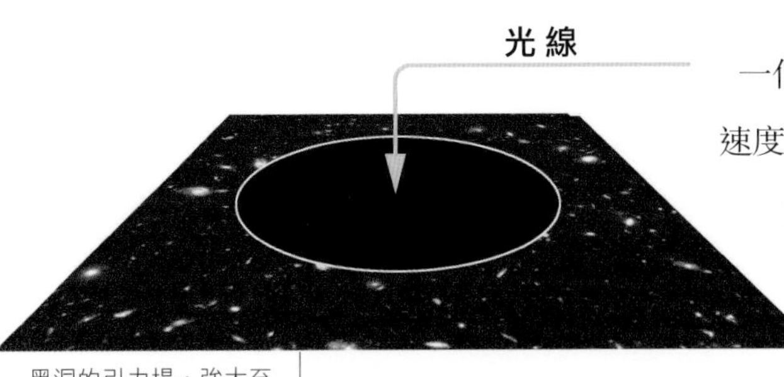

黑洞的引力場，強大至連光也不能逃逸。

一個臨界值，這個起碼的速度，就是我們所謂的逃逸速度。所有星體、行星和衛星都有它們各自的逃逸速度，質量愈大、半徑愈小，逃逸速度便愈大。地球表面的逃逸速度約為秒速11公里，可是黑洞的質量大得多，半徑也小得多，要從黑洞表面發射太空船，必須達到光速！

帶質量的物體逃不過萬有引力的掌握，我們可以理解。可是不帶質量的光，為甚麼仍會受萬有引力影響呢？要解答這問題，我們便要換一個角度，從愛因斯坦的廣義相對論來解釋萬有引力。根據廣義相對論，物質之間之所以存在萬有引力，是因為物質能夠把它周圍的時空扭曲，這樣當其他物質在經過扭曲的時空時，便不能如同沒有外力一樣直線均速運動，這效應便有如經過的物質感受到萬有引力一般。

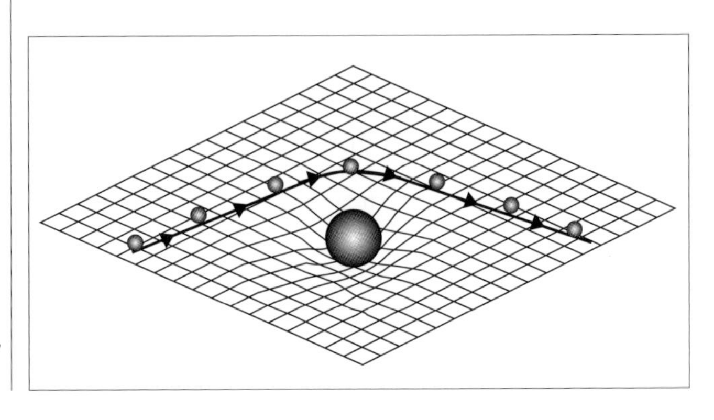

在放着鉛球的彈簧床上，乒乓球運動的軌跡。

我們可以平面空間的運動作個比喻。例如一張彈簧床上，在沒有物質存在的時候，彈簧床是平滑的。如有人在彈簧床上滾動乒乓球，乒乓球便會直線均速運動。可是當彈簧床當中放了一個鉛球，彈簧床的表面就產生了扭曲。當乒乓球在床上經過扭曲的表面時，便會跟隨着彎曲的軌跡。

太陽的引力場把星光偏折

我們可以將這個比喻引伸到立體空間，原理完全一樣，只是扭曲的形態不能以平面圖描繪而已。在相對論的體系中，除了空間扭曲外，還有時間也受到扭曲，那麼扭曲的形態就更需要用電影去描繪，但物質扭曲時空的原理仍是同出一轍的。當光線經過扭曲的時空，軌跡便不再是直線，而是彷彿乒乓球滾過扭曲的彈簧床表面一樣，變成曲線。愛因斯坦便是根據這原理，預測星光經過太陽邊緣時會產生偏折，星體的位置便被觀測到偏離太陽。這預測在1919年的日全蝕期間被完全證實，愛因斯坦也在一夜間成為家喻戶曉的人物。

至此還要一提另一位經典人物。1916年，第一次世界大戰期間，德國的舒華邵德(Karl Schwarzschild)在對俄戰鬥的前線上擔任軍職，負責計算轟擊敵方的砲彈軌跡。那時愛因斯坦正在完成廣義相對論，舒華邵德便在公餘研究愛因斯坦的理論。他推導出如果星體的質量集中在一個臨界半徑內，它周圍空間的扭曲程度，便可以極端到連光也不能逃逸。這臨界半徑的數值，便是以逃逸速度等於光速這條件來決定，現代稱為"舒華邵德半徑"(Schwarzschild radius)。

奇點的密度趨向無限

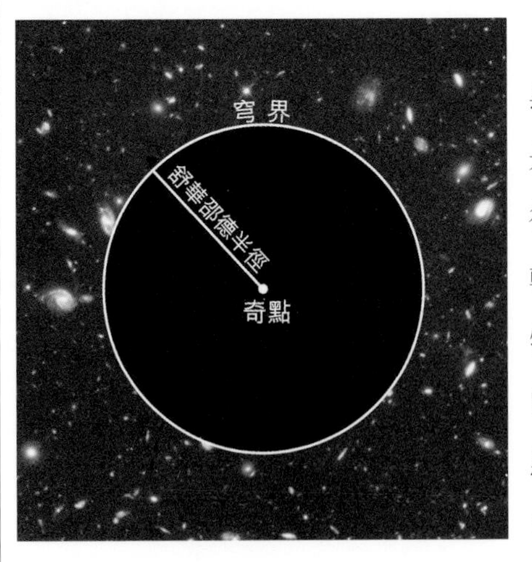

黑洞的結構

霍金提出，黑洞的大小，便是由舒華邵德半徑決定，而不旋轉的黑洞，結構特別簡單。黑洞的質量集中在中點，稱為奇點(singularity)。奇點的密度趨向無限，它的性質不能以今日的物理定律描述，尚有待下一代物理學家的努力。

黑洞的邊緣是一個球面，半徑為舒華邵德半徑，稱為"穹界"(event horizon)。穹界沒有一定的物質形態，所以太空人從黑洞的外面越過穹界進入裏面的一剎那，沒有任何特殊的感覺，可是太空人已在不知不覺間，踏上不歸路，從此不能逃出黑洞了。進入穹界後，太空人再也不能向外界發放任何信息，因為連光也不能逃逸，所以穹界內的形態如何，我們現在只能憑理論推測，實際如何永不能證實。

既然沒有任何信息可以通過穹界傳遞到外面的世界，那麼我們對神秘的奇點便無從知曉了。這問題一直引起理論物理學家的興趣；若果能找到暴露在外的奇點，定可刺激起對奇點新物理的探討。霍金的好友彭羅斯(Roger Penrose)研究後的結論是，理論上暴露的奇點是可以存在的，但考慮到它們形成的物理過程，他推測所有的奇點都是被穹界包裹着的，這推測一般稱為"宇宙檢查推測"(Cosmic Censorship Conjecture)。

黑洞無髮定理

1972 年，霍金提出"黑洞無髮定理"(No-hair Theorem)。這裏所指的頭髮，是指任何複雜和有個別特徵的事物，因為人有了頭髮，就可以去把它電成不同款式、染成不同顏色、以負離子直髮等等。黑洞無髮，就是指黑洞的描述非常簡單，它的特徵以三個參數就可以完全描述了。這三個參數，就是黑洞的質量、角動量和電荷。

黑洞的簡單性質，隱含着它與熱力學可能存在矛盾。我們都知道，宇宙中存在着“時間之箭”。宇宙中所有的事物演變，都是不可逆的。一隻破了的雞蛋，蛋黃、蛋白、蛋殼濺滿一地，碎片卻不會自動從地面飛起重合，回復成一隻完好無缺的雞蛋。一滴墨水滴在清水裏，會不斷擴散，但擴散了的墨水，卻不會自動從擴散了的狀態，回復成濃濃的一滴。

物理學家在研究過不可逆過程的特性後，總結出熱力學第二定律。他們定義出一個物理量，稱為“熵”(entropy)，用以量度物理系統的無序性。即是說，有序的物理系統，含有低熵；無序的物理系統，則含有高熵。熱力學第二定律，就是說物理系統的熵，不會隨時間減少。這正符合我們現實的經驗，就是所有物理過程自然的演化，都是從有序至無序。

問題出現在黑洞吞噬物質的時候。假設含有熵的物質掉進黑洞裏，根據黑洞無髮定理，描述黑洞形態的參數仍是原來的幾個，所以把黑洞和它吞噬的物質看成一個物理系統，它的熵在吞噬過程中便減少了。換言之，黑洞吞噬物質的過程是從無序回歸有序，這和熱力學第二定律有沒有衝突？是不是黑洞也含熵？

堅信無髮定理的霍金，認為黑洞不可以含熵。1973年，巴甸、卡特和霍金(Bardeen, Carter, and Hawking)提出黑洞物理的四定律，形式和熱力學四定

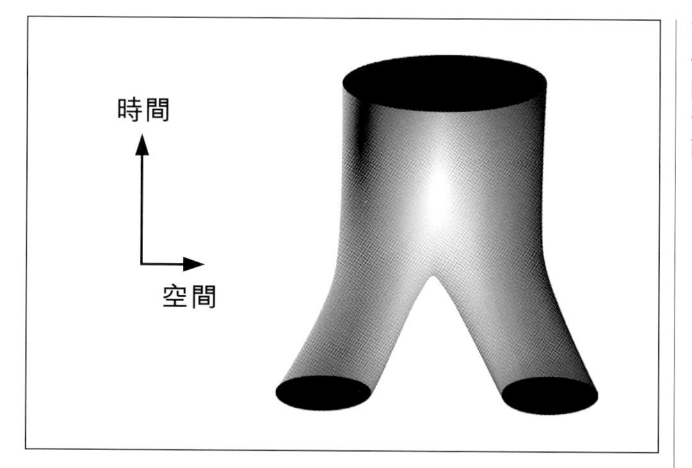

面積定理。圖中黑色範圍代表黑洞的穹界面積，時間從下至上演化，顯示兩個黑洞合二為一時，穹界面積的總和不會減少。

律非常相似。其中黑洞物理第二定律，只要把“熵”改變為“黑洞表面面積”，就馬上變成熱力學第二定律。

更明確地說，熱力學第二定律説明，物理系統的熵，不會隨時間減少；而黑洞物理第二定律則説明，黑洞表面面積的總和，不會隨時間減少。當我們把物質丟進黑洞裏，或是把兩個黑洞合二為一，穹界面積的總和不會減少，這結論被稱為“面積定理”。

黑洞的面積代表它的含熵量？

這些定律形式上的雷同，是不是顯示它們之間有更深層的關係？是不是黑洞的面積代表它的含熵量？當年霍金就很不以為然，他認為這形式上的雷同只是巧合而已，因為如果黑洞含熵，就代表它有一定的溫度，而有溫度的物體就必定會放出輻射，這不正和黑洞黑暗的本質有所矛盾？

比霍金年青的伯根斯坦（Jacob Bekenstein），當年還是博士生，卻持有不同的看法。在當年的學術會議上，霍金和伯根斯坦就曾有過激辯。當年激辯的過程可從下列在互聯網上流傳的對話撮要看出來：

霍金：面積定理和熱力學第二定律形式上的雷同，只是巧合而已。

伯根斯坦：我不相信。自然界從來未發生過違反熱力學第二定律的過程，為甚麼黑洞會是例外？我相信黑洞的面積確可顯示它們的熵。

韋拿（John Wheeler，伯根斯坦的博士導師）：你的主意的瘋狂程度，確有可能顯示它是正確的。

霍金：如果黑洞含熵，它就一定有溫度。如果它有溫度，它就必定會放出輻射。但如果沒有東西可以逃出黑洞，它怎會放出輻射？

黑洞確實會放出輻射

這場辯論之後，霍金的研究開始引入新的元素。廣義相對論和量子力學，可說是20世紀物理學的兩大成就。要研究宇宙中的大物體，如各種天體，特別是致密星體，因為它們擁有強大的引力場，就一定要用廣義相對論。要研究宇宙中的小尺度事物，如原子、核子和各種基本粒子，就一定要用量子力學。可是這兩門學問，各有自己的一套規範，互不相干。一直以來，把這兩大理論統一起來，是無數物理學家的夢想。

當霍金的研究引進量子力學後，他發現自己很多對黑洞的看法都要修正過來。1974年，他發現黑洞確實會放出輻射！原來在量子力學的世界裏，所有的空間，包括真空，都會不斷產生虛擬粒子(virtual particle)，虛擬粒子又會互相碰撞而湮滅，這現象稱為"真空漲落"(vacuum fluctuations ，又譯 "真空起伏")。

真空漲落的出現，和量子世界的海森堡測不準原理(Heisenberg Uncertainty Principle) 有密切關係。根據測不準原理，能量的測定和測定過程所需的時間有一個妥協關係。測定能量的時間愈短，能量的漲落愈大。虛擬粒子的產生需要能量，好像違反了自然界能量守恆的定律，但只要虛擬粒子在短瞬間湮滅，原本被"借貸"的能量便"歸還"了。從較長時間的尺度看，就沒有違反能量守恆。這正如一個商人向銀行貸款，定期歸還。只要在到期歸還時結算，便算收支平衡，可是如果在貸款期間查賬，就會看到戶口結餘時上時落。反之，如果宇宙中真有一個絕對真空的空間，不管測定能量的時間如何短，能量測定的數值仍然是準確無誤的零，那就違反了測不準原理。

真空漲落，也存在於鄰近穹界的空間。那裏的真空，不斷產生一對對虛擬的粒子和反粒子，這對粒子大

霍金輻射的機制

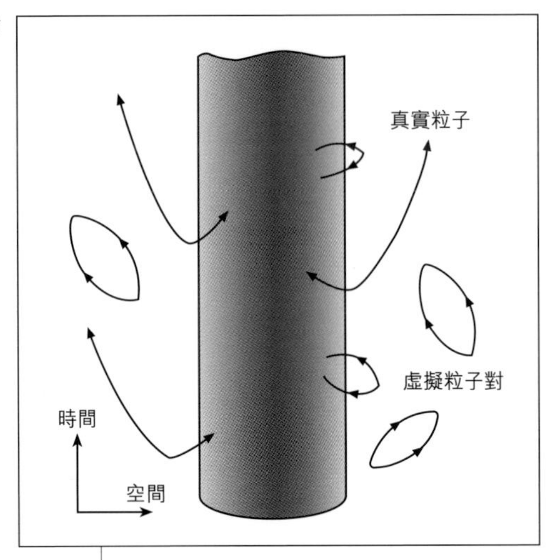

都在短瞬間互相碰撞而湮滅。可是黑洞邊緣有非常強大的引力場，這引力場在不同位置的差別也很大，形成很強的"潮汐力"。強大的潮汐力可以把一對虛擬粒子在湮滅之前扯開，這時粒子對不再是虛擬，而變成真實的了。其中一顆粒子會飛離黑洞，它的同伴則會掉進黑洞。原則上，這對粒子可以是任何一種基本粒子，但因為光沒有質量，也最容易產生。在量子世界裏，光的粒子狀態稱為光子，它們把黑洞的能量帶走，這輻射便稱為"霍金輻射"。

所有輻射體都有它們的溫度，輻射的強度和光譜，都由溫度決定。霍金輻射的溫度稱為"霍金溫度"。霍金發現，黑洞愈小，霍金溫度愈高。這是因為黑洞愈小，它表面的潮汐力愈強，把虛擬粒子成功扯開的機會也愈大。

霍金對他的發現作了一個霍金式的幽默。這幽默的背景源於愛因斯坦和玻爾（Niels Bohr）之間對量子力學的爭論。量子力學中，粒子的演化全由概率決定，愛因斯坦對此很不以為然。他認為自然界的規律是確定的，所以他說："上帝不會為宇宙擲骰子"。玻爾是量子力學的先驅，與愛因斯坦多番爭辯後說："愛因斯坦不應指令上帝怎樣做！"現在霍金應用量子力學，發現了黑洞可以放出輻射，便說："上帝不單擲骰子，而且把它們擲到不能看見的地方去！"

黑洞的質量最終蒸發淨盡

霍金輻射的一個效果，就是黑洞的蒸發。輻射帶走能量，但在相對論中能量和質量是對應的，所以黑洞的質量會逐漸減少，最終蒸發淨盡。而因為黑洞愈小，霍金輻射便愈強，壽命也愈短。小如人體質量的黑洞瞬間便蒸發淨盡，但大如星系的黑洞，蒸發時間便比宇宙年齡長得多。

一般星體死亡所形成的黑洞，稱為星體黑洞(stellar black hole)質量約為太陽的數倍至十數倍，它們的霍

黑洞的質量	蒸發淨盡所需要的時間
人	10^{-12}秒
大廈	4秒
地球	10^{49}年
太陽	10^{66}年
星系	10^{99}年

黑洞蒸發的壽命(宇宙年齡為 10^{10} 年)

金輻射其實是很微弱的。近年又發現星系的中心都有超大質量黑洞（supermassive black hole），它們的質量往往達到太陽質量的數百萬甚至數十億倍，這些黑洞的霍金輻射就更微弱了。另一方面，有人推測在宇宙早期的時候，曾出現過不少質量較小的原始黑洞（primordial black hole），這些黑洞大都已經蒸發淨盡了，但有沒有機會仍有小量的原始黑洞存留至今？如果有的話，它們在蒸發過程的最後一瞬間，可能產生伽瑪射線爆發，便可透過天文觀測來證實了。時至今日，我們尚未有原始黑洞的觀測證據。將來如何，還要拭目以待。

如果觀測黑洞？

如果黑洞是黑的，我們怎樣才可以觀測到它們？黑洞的霍金輻射太微弱，不足以讓我們測到。但今日天文觀測上的進步，已使我門對黑洞的存在充滿把握了。時至今日，我們已發現不少候選的黑洞了，其中很多是 X 射線雙星系統。

最早引起注意的候選黑洞，是位於天鵝座的首個 X 射線源，稱為“天鵝座 X-1”。它在 1970 年代初被發現，位於射電源 HDE226868 附近。1972 年春，科學家發現射電源和X射線源的亮度相關，顯示可能同出一源。還有，射電的波長出現週期性的變化，週期為 5～6 日，顯示射電源自一個雙星系統，因為星體運動週期性地趨近和遠離我們，引起波長週期性地被壓縮和拉長，即一般所謂的多普勒效應(Doppler effect)。更有趣的是，射電源的亮度也出現週期性的變化，顯示星體面向觀測者的面積出現週期性的變化，這變化的合理解釋，就是射電星體因着 X-1 強大的潮汐力，而從一般的圓形，變形至欖核形。究竟 X-1 是甚麼星體，質量大得令雙星系統旋轉如此高速，又把伴星拉扯得大幅變形？

觀測又發現， X 射線的亮度可以在短時間內出現變化。天文觀測的原理是，光信號若可在數秒間出現變化，光源的大小便不能小於數光秒，即光在數秒間進行的距離。假如光源的尺度大於數光秒的話，當亮度改變時，距離觀測者的最短和最長距離有差別，在數光秒間亮度就沒有可能出現變化。這結果顯示，X-1 必定是個尺度很小的星體。

再從雙星系統的週期和雙星的距離，我們可以根據力學推算出 X-1 的質量超過 7 個太陽質量。我們在前面已提過，致密星體可以是白矮星、中子星或黑洞，但白矮星和中子星的質量，最高也不超過 4 ～ 5 個太陽質量，因此黑洞是唯一的可能。其後天文學家不斷收集數據，時至今日 ，我們已有九成半把握確定 X-1 是黑洞，它強烈的 X 射線，來自它吞噬伴星物質的過程。當物質還未流過穹界時已出現了強大的漩渦，渦流中的物質互相摩擦至高溫，因而產生 X 射線。

霍金作為黑洞理論的權威，一直留意這些觀測上的進展。這裏可以一提關於霍金的一段小插曲。霍金和好友索恩（Kip Thorne），曾經打賭天鵝座 X-1 是不是黑洞。霍金打賭，天鵝座 X-1 不是黑洞。據他說，他這樣下賭是想買一個保險。他一生人都專注黑洞的研究，假若宇宙中找不到黑洞，他豈不是血本無歸？但即使這樣，他也可以在打賭方面，拿回一個安慰獎。索恩則賭天鵝座 X-1 確是黑洞。1992 年，天鵝座 X-1 的黑洞證據，已經非常充分，霍金惟有低頭認輸。根據雙方所訂合約，霍金需要贈閱索恩成人雜誌一年，也不理對方太太的反對了，不愧是一個老頑童。

黑洞吸收的信息會重返宇宙

1980 年代，索恩曾探討過，黑洞可不可以形成蟲洞（wormhole），而蟲洞可成為通往宇宙過去或未來時空的隧道。在此同時，霍金也探討過，可不可以透過黑洞通往其他宇宙，在黑洞裏的宇宙稱為小宇宙（baby universe），而這宇宙的信息可以透過黑洞流失。這些引人入勝的臆測，當然是科幻小說和電影的好題材。可是經過深入研究後，霍金在1992年的結論是，透過黑洞穿梭過去、未來或其他宇宙是不可能的。以他的說法，史學家在這宇宙可以安枕無憂，不需要擔心宇宙的

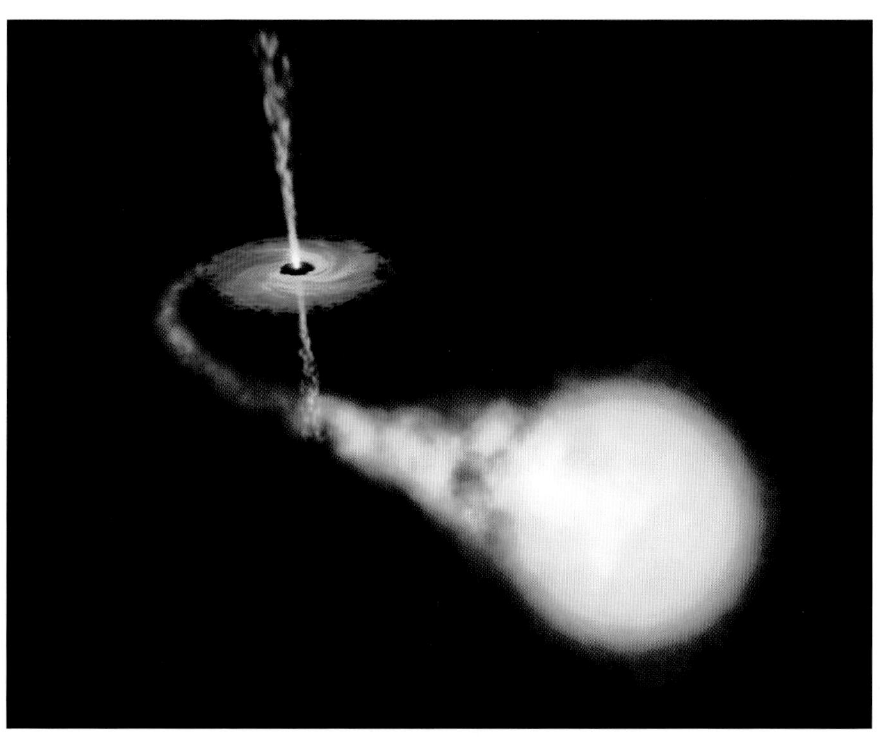

編號 GRO J1655-40 的黑洞雙星系統，它距離地球約一萬光年，黑洞中心質量約有七個太陽的質量。*(Credit: European Space Agency / NASA / Felix Mirable)*

歷史受到過去或未來的人事物無端打斷。

1997年，霍金與索恩又和皮禮斯高(John Preskill)打賭，題目是黑洞信息悖論。我們在前面已討論過黑洞和熵的問題。熵和信息的概念是相關的，低熵的系統是有序的，但有序的系統便不帶信息。霍金和索恩認為，流進穹界的信息，就在我們的宇宙裏消失了。不管黑洞吸收了甚麼信息，黑洞輻射也是一個模樣，和它所吸收的信息無關。皮禮斯高則認為，黑洞吸收的信息，最終可以透過輻射重返宇宙。2004年，霍金終於認輸，承認黑洞最終可以把吸收的信息釋放，只是釋放的模樣已被搞渾了。這次皮禮斯高得到的獎品也很有意思，是一套棒球的百科全書，因為當中的信息可以“任意重拾”。

今日我們理解到黑洞的結構、簡單性、輻射、含熵和信息論，這些都和霍金研究的成果有關。霍金的成就是理論層面的，但我們今日回顧，也不要忽略實驗和觀測的配合。如果沒有天鵝座 X-1 和其他候選黑洞的觀測，相信霍金的理論還是紙上談兵。

笑看人生的積極態度

除了科學成就外，我們還可思考霍金對人生的積極態度。當年他患上肌肉萎縮症，身體機能只會一直退化，很多人對他的壽命也不敢看好。可是他一活下來就是40多年，而且對科學界作了非常重要的貢獻。我們也可體會他那顆赤子之心，帶着幽默的態度去看問題和事物，有時他那近乎頑童的行徑令人忍俊不禁，但也可以看到他那笑看人生的積極態度。

霍金對處理問題的開放態度也是值得注意的。從他早年與伯根斯坦的激辯，到他提出霍金輻射，從他對各種議題的打賭，到他願賭服輸，我們都可以看到他客觀的態度，敢於修正自己的看法，這是作為傑出研究工作者的好條件。

在人才輩出的科學世界裏，霍金還有一個獨特的長處，就是他努力把科學普及的熱誠。他著有暢銷書《時間簡史》，及後還有多本普及化的書籍。一般看過《時間簡史》的人，都覺得不容易看，最新的版本，就加了不少插圖，力求顯淺易明。他對各種議題設下的賭局，可以把艱深學問中的命題，凝聚成大眾關注的焦點，也促進了推廣科學的目的。今日世界的進步，不少得益於科學的進展，所以科學是屬於大眾的，但願有更多傑出的科學家，以霍金的精神推廣科學。

第二部分

the universe • the universe • the universe • the universe •

我們的宇宙

第六章

物理學中的時空觀念

陳天問　香港科技大學物理學系教授

時間是甚麼？空間是甚麼？這也許是古今中外最使人迷惑，也引起最多爭議的問題。當孔子看到河水滔滔流動，不禁慨嘆“逝者如斯夫，不舍晝夜”。顯然，他認為時間是不斷地向前流逝，一去不回。佛教和印度教認為宇宙是會不斷重複的。經過了一段很長的時間後，宇宙又會回到先前的狀態，已經發生過的事件會再次重演，循環不息。相反，基督教認為宇宙萬物都是上帝創造的，因此有一個開端。但是，聖經中沒有提到時間和空間是否也是上帝創造的。根據《創世紀》，由於上帝創世前在水面上行走，似乎時間和空間（還有水）本來就已經存在。

哲學家康德（Immanuel Kant）相信時間和空間是獨立於萬物而存在的。它從無限的過去向無限的未來流逝。因此即使宇宙萬物有一個開端，在此之前，時間已經流逝了無限久。基於這個觀點，康德認為無論宇宙是否有一個開端，都會引起邏輯上的問題。如果我們相信它有一個開端，那麼，為甚麼要等了無限長的時間，宇宙才在突然的某一刻被創造出來呢？反之，如果宇宙一直存在，那麼為甚麼要過了無限長的時間它才發展到我們現在看到的樣子呢？

因為發現了宇宙膨脹，現今物理學的主流看法是，時間和空間都起源於137億年前的大爆炸(Big Bang，又譯大霹靂)。談論大爆炸以前的時間是沒有意思的。就像討論整個宇宙以外的空間一樣。

讀過霍金《時間簡史》的讀者可能會對時間是否有開端的討論有一定的了解。在此，我們來探討另外兩個不同，但又相關的問題：時間和空間是否絕對的存在？它們是不是連續的？

時空是個空的舞台

討論時空的絕對性最好是從以下的問題開始：如果宇宙中所有物體都消失了，時間和空間是否仍然存在？

康德的答案是肯定的。牛頓也有相同的看法。在牛頓的觀念中，時空就像一個舞台。不同的事件在台上發生。顯然，就算台上一個演員都沒有，一個"空的舞台"依然存在。對此，其他一些哲學家和科學家有不同的看法。其中最著名的是萊布尼茲。除了爭論誰首先發明微積分，萊布尼茲和牛頓對時空的看法也大不相同。萊布尼茲認為時空應該是純粹"關係式"的，也就是說，時間和空間是以不同物體，不同事件間的關係來定義的。沒有了物件，時空也就沒有意義。我們可以用以下的比喻來說明他的觀點：時空就像一句句子。裏面的字母就像物件。我們可以說 A 在 B 的左邊或右邊，也可以說 C 跟 D 距離多遠（它們中間有多少個其他字母）。但是，如果我們把所有的字都拿掉，那麼剩下的不是一個"空的句子"，而是甚麼都沒有了。

萊布尼茲認為時空應該是純粹關係式

如果時空完全是"關係式"的，那麼，任何一個觀測者都應該是平等的；也就是說，地面上的人看到車輛在動，車上的人也可以說是地面上的人、樹木和建築物一起在動；坐在旋轉木馬上的人也可以說是整個世界繞着他轉動⋯⋯所有觀測者都可以用同樣的物理定律解釋他看到的一切現象。

康德和牛頓的時空，就不是對所有觀測者都適用的，牛頓的力學理論隱含了他的絕對時空觀。我們來看看牛頓運動三定律：

第一定律　在沒有外力作用下，物體的速度(速率及方向)保持不變。換言之，靜止物體將保持靜止，而運動中的物體亦不會無故停下來。

第二定律　物體的加速度（速度的改變率）正比於其所受之外力，反比於其質量。也就是說，外力越大，物體加速越快。質量越大，則越難加速。

第三定律 任何力都有一對應之反作用力。力與反作用力大小相等，但方向相反。

牛頓力學隱含絕對時空觀

在日常生活中，我們很容易可以舉出反作用力的例子。想像你每次從椅子上站起來時所做的動作：雙腳用力把地板往下推。我們可以站起來，靠的就是地板的反作用力把我們向上推。

牛頓假設有一些慣性參考系

當我們不動（相對於地面）的時候，牛頓力學是適用的。想像一個爸爸和他的兒子面對面的站着，兩個都穿着溜冰鞋。你會發現如果爸爸不推兒子，那個小孩不會無緣無故的往後溜。如果爸爸推了一下，兒子就會以某個速度向後退。如果地面足夠平滑，他很久都不會停下來。同時，爸爸也會受到一個反作用力而向反方向移動。一般來説，兩人分開的速度會不同。小孩子的速度會較快。因應用力的大小，他們的速度亦會不同。有趣的是，他們的速度的比例永遠是一樣的。舉例來説，那個小孩子的速度永遠是他爸爸的兩倍。顯然，要改變一個成年人的速度是比較困難的。我們可以用他們速度的比例來量化這個困難度。我們説爸爸的"慣性質量"是兒子的兩倍。意思就是說，要改變他的速度有“兩倍那麼困難”。

這樣一來，通過上述的方法，我們可以賦予所有物體一個數字，來描述要改變其速度的困難度。這個數字就是我們稱為“質量”的東西。在上述的例子中，如果我們選取小孩的質量作為一單位，那麼，父親的質量就是兩單位。

現在如果你和那對父子上了一艘平穩行駛中的船上，可以想像你看到的情況不會有任何不同，以致除非你望向艙外，否則根本不可能知道船是不是真的在動。

對於地面上和相對地面平穩運動的觀測者，牛頓力學都是適用的。他們會觀測到物體具有慣性質量，也就是對改變速度的不同程度的惰性。

好了，現在想像你在一輛正在向前加速(相對於地面)的車上。你會看到所有的東西都向反方向加速。你嘗試應用牛頓力學，把它解釋成有某個力把所有東西都往後拉。但是你找不到對應的反作用力。牛頓力學對你來說是不適用的。你觀測到物體並不具有慣性，會無故加速。我們把前者稱為“慣性觀測者”，而牛頓力學對之不適用的觀測者稱為“非慣性觀測者”。

現在我們一般把牛頓第一定律看成慣性觀測者存在的物理定律。它說的是宇宙中存在着慣性觀測者。一個明顯的例子就是地球。嚴格來說，由於地球的自轉和公轉運動，我們其實並不是慣性觀測者。在北半球，一個運動中的物體看起來會“無緣無故”的向右轉。這就是颱風為甚麼不是直接吹向風眼，而是呈逆時針漩渦狀。相反，在南半球，運動中的物體則會向左轉，因此颱風也會變成順時針轉動。然而，這個效應非常微小，以致只有像颱風或季候風這樣的大尺度系統中才顯得重要。在一般日常的運動中，我們可以不考慮類似的效應。我們說地球是一個很近似的慣性參考系。

總括來說，牛頓力學假設有一些慣性參考系，不同的慣性參考系中的觀測者作均速相對運動。慣性觀測者會看到牛頓力學成立。因此我們不可能從物理實驗中分辨出誰在運動，誰是靜止。相反，加速中的觀測者則會看到牛頓力學不成立。我們可以從物理實驗分辨出誰真正在加速。加速是絕對的。因此我們可以說牛頓力學不是一個“關係式”的理論。

以太真的存在嗎？

牛頓相信絕對的時間和絕對的空間。他的理論中包含絕對的時間，但卻不能推出絕對空間的存在，因為絕對運動是不可測的。到了十九世紀末，隨着電磁學的發展，絕對空間又再引起爭論。電磁學理論預測了電磁波的存在，而可見光不過是電磁波的一種。如果電磁波和聲波一樣需要一種介質傳播，那麼由於電磁波能夠在整個宇宙中出現，這種介質也一定充滿了整個空間。當時一部分科學家相信這種介質的存在，並給它起了一個名字——以太(ether)。這樣一來，以太就充當了絕對空間的角色。絕對運動可以以物體相對於以太的速度來定義。

那麼以太是不是真的存在呢？如果以太存在，我們相信地球應該不會剛好相對於以太是靜止的。這樣當地球在以太中運行時，我們在地球上會看到以太像風一樣吹過。當然，以太風未必會吹動我們的頭髮。但我們可以從光波在不同方向的速度來測量這個速度。垂直於以太風方向的光速不受影響，而平行方向的光速則會增加或減小。情況有點像在流動的河流中游泳。這個效應是可以測量的。但實驗的結果是光在任何方向的速度都是一樣的。這有兩個可能的解釋。要麼地球在以太中剛好是靜止的，要麼時間和空間都不是絕對的。同樣的兩件事件，不同的慣性觀測者會看到不同的時間和空間間距。但光速和其他所有物理定律在所有慣性觀測者看來都是一樣的。這就是愛因斯坦的狹義相對論的觀點。可以這樣說，在狹義相對論中，時間和空間混合起來變成"時－空"。沒有了獨立的絕對時間和空間，但依然存在絕對的"時－空"。加速運動依然是絕對的，可分辨的。

加速運動的絕對性正是著名的"雙生子悖論"的解

釋。假如有一對雙生子，A 與 B。B 坐飛船作太空旅遊，而 A 留在地球上。根據狹義相對論，一個慣性觀測者會看到運動中的鐘變慢了。因此 A 會看到 B 的時間流動得比正常慢。當 B 回到地球的時候，他會比 A 年輕。如果狹義相對論對 B 也適用的話，那麼在他看來，他自己是靜止的，是 A 在運動。應用狹義相對論，B 也應該可以推導出在他們重遇時，A 會比較年輕。那麼到底誰是對的呢？答案是， B 會比較年輕。因為如果我們相信狹義相對論對 A 適用，那麼由於 B 必須對 A 加速才能回到地球，他並不是慣性觀測者。狹義相對論對 B 來說是不適用的。也就是說，狹義相對論也不是一個完全"關係式"的理論。

另外一個明顯的非慣性參考系就是像旋轉木馬一樣的轉動系統。事實上，牛頓就是用一個轉動中的水桶的例子來反駁萊布尼茲的觀點。當水桶相對地面轉動時，我們會看到水面彎曲。這可以用牛頓力學完美地解釋。想像水桶的中心有一隻小螞蟻隨着水和水桶一起轉動。在它看來，是整個宇宙繞着它和水桶轉動，而水面當然也是彎曲的。他嘗試用牛頓力學來解釋他看到的現象(我們不探討為甚麼它在快淹死的時候還有興趣思考物理問題)。為了解釋水面的彎曲，它必須假定有一個力把水向外拉。但是它不能解釋這個力的來源。有可能是因為宇宙中所有繞着它轉動的東西引起嗎？觀測一個不轉動的水桶，它的水面是平的。因此不轉動的宇宙顯然不會對水有拉力。那麼，這個拉力有可能是宇宙轉動的效應嗎？如果我們有辦法使宇宙中所有東西都繞着地球轉動，我們會看到一個靜止的水桶的水面彎曲嗎？牛頓和當時大部分人都相信不會。因此，他認為轉動是絕對的。

廣義相對論是完全關係式的理論

部分物理學家後來對這個問題有了新的看法。在發表狹義相對論的大概十年後，愛因斯坦把他的觀點推廣到廣義相對論。他自言廣義相對論是部分受到馬赫（Ernst Mach）的觀點所啟發，馬赫是 19 ～ 20 世紀初的哲學家和物理學家。愛因斯坦對馬赫原理有如下的詮釋：物體的慣性質量可能是由於宇宙中其他東西的引力的結果。也就是說，如果宇宙中所有東西，包括遠處的星星，真的都繞着地球轉動，這些轉動的質量的

哲學家和物理學家馬赫，愛因斯坦的廣義相對論受他啟發。

整體引力效應剛好會引起水面的彎曲。在廣義相對論中，地面上的人和螞蟻看到的現象都可以用同一套物理理論解釋。這也是為甚麼很多物理學家都把廣義相對論看成完全“關係式”的理論。

但是，現代物理的另一個重要支柱量子論，是一個有背景時空的理論。這也是把量子力學和廣義相對論結合起來的其中一個難題。假如有一天，我們有一個統一的理論，其中的時空會是絕對的還是“關係式”的呢？現在我們還不知道。但相當一部分物理學家相信，它應該會是一個純粹的“關係式”的理論。

時空的連續性

古希臘數學家芝諾(Zeno)質疑如果時空是無限可分割的，則有所謂“阿基里斯跑不過烏龜”的悖論。阿基里斯(Achilles)是希臘神話中戰無不勝的英雄。有一天他跟一隻烏龜賽跑。驕傲的他讓烏龜先跑一段距離。問題是：阿基里斯能夠追上烏龜嗎？由於阿基里斯要追上烏龜，必須先到達烏龜現在的位置，但是在這段時間裏，烏龜又跑了一段路。於是阿基里斯又得再跑到烏龜新的位置。同樣的，在這瞬間，烏龜又再向前跑了一段路……。這樣說來，阿基里斯不是永遠都不能追上烏龜嗎？當然，我們知道在真實的情況下，阿基里斯一下子就能把烏龜追上了。但是這悖論說明在幾千年前，人類就已經對時間是否連續感到疑惑。

根據相對論，時空是混合的，如果時間不是連續的，那也是說空間也應該一樣。那麼，到底是否存在一個最小的時空間距呢？從我們日常的經驗裏，大部分人會覺得時空是連續的。然而，現在大部分物理學家都相信時空在小尺度上是不連續的。這個尺度被稱為"普朗克時間"和"普朗克長度"。它們的數值分別為 10^{-44} 秒（一秒的萬億億億億億分之一）和 10^{-35} 米（一米的千億億億億分之一）。普朗克尺度是如此細小，以致在一般情況下我們難以察覺。就是現今最先進的科學儀器，也不能夠直接測量它的存在與否。但是，從不同的理論推導中，絕大部分物理學家相信，不連續的時空才是比較自然的。其中的一個例子是黑洞的霍金輻射。

黑洞是廣義相對論推導出的其中一個結果。當一個恆星耗盡了它的燃料，就會塌縮成為一個體積很小，但密度很大的星體。相應地，星體附近的引力也會變得很強。如果星體的質量足夠大，以致連光也不能逃脫它的引力牽引，那麼這個星體就變成了一個黑洞。由於沒有東西可以跑得比光更快。在古典（不考慮量子力學）的物理理論中，沒有任何東西可以從黑洞中逃脫。

1975年，霍金提出如果考慮量子效應，那麼黑洞可以放出輻射。量子力學是20世紀初發現的物理理論。在量子理論中，真空並不是虛無一物的，而是充滿了所謂的“虛擬粒子”。這些虛擬粒子不斷的一對一對地生成，然後在很短的時間裏又互相湮滅，因此我們一般觀測不到它們的存在。但是，在黑洞附近，有可能發生下面的情形，就是這些虛擬粒子對中的一個被吸進了黑洞，另外的一個粒子於是變成了自由粒子而逃離黑洞。在遠處看來，黑洞就像一個發熱的物體一樣發出輻射。這種輻射現在一般稱為霍金輻射。而黑洞的能量(質量)則因為流失而慢慢“蒸發”掉。霍金輻射意味着黑洞應該具有溫度。大質量的黑洞的溫度很低，因此它要經過很長的時間才會完全蒸發掉。例如一個太陽質量的黑洞，它的溫度比液態氮還要低很多。這樣的一個黑洞要花上宇宙年齡的一百億億億億億億倍才會完全蒸發掉。黑洞的質量越小，溫度越高。一個小黑洞能在一瞬間蒸發並釋放出巨大的能量。

熵是指無序度的量，上圖的桌面比較亂，熵比較高。*(Credit: 陳天問)*

黑洞的熵與表面積成正比

在熱力學中，一個物體具有溫度也表示它具有“熵”。熵是表示一個系統的“無序度”的量。簡單來說，無序就是“亂”的意思。舉個例子，大部分人看到左邊的兩張圖片，都會說上圖的桌子比較“亂”。

但是，如果我們進一步問，為甚麼？“亂”是如何定義的？對這樣的問題，相信一般人都會瞠目以對。我們日常的很多用語，都是依賴主觀的感覺，沒有嚴格定義。比如說我認為某人長的很"漂亮"，其他人未必會認同。現今的物理學還不能告訴你何謂"漂亮"，但卻可以給"亂"下一個嚴格的定義。一個系統是否無序，依賴於我們對它的狀態知道得有多清楚。知道得越少，它就越無序。比方說，在左頁的圖中，上面的桌子看起來很亂。但是，如果我要找去年的稅單，我知道它是右下角的答題本子下的紙堆中的第三張。無論我要找甚麼，我都知道在哪裏，那麼，桌子對我來說就一點也不"亂"。反之，下面的桌子看起來很整齊，但是如果我要找甚麼文獻都要半天才找到，那麼它對我來說就是很"亂"的。我們也可以說一個系統的無序度就是我要得到多少資訊，才能完全知道它的所有細節。熵的數值就是把這個未知的信息量化。簡單來說，它的意思是如果我們把這些資訊存在計算機裏，需要多少個位元(bit)。

物理學家伯根斯坦(Jacob Bekenstein)發現，黑洞的熵正比於它的表面積。這引起科學家推測，資訊可能是由空間本身攜帶着的。但是，如果空間是連續的，那麼任何一個區域都有無窮多的點，攜帶着無限的信息。有一個這樣的故事：一個外星人來到地球，希望把我們的文明記錄起來，帶回他的星球。地球人把所有的百科全書都搬到他的太空船裏。他在裏面搞了半天後拿了一根金屬棒子走出來，說已經把我們所有的歷史、文學、科學、哲學等等都記錄在這根棒子上了。地球人仔細一看，棒子上有一個很小的孔。外星人解釋說，他已經把所有資訊都變成二進制位元，成了一串長長的0101011010010010011001001000101001000100100100101010100100……他把這個數字看成長度，在距離棒子一端的這個長度上鑽了一個小孔。當他回到他的星球，再測量這個長度，就可以把資料還原。

顯然，如果空間是連續的，上面的數字可以有無限個數位。他還可以把地球上每個人的名字都記錄進去。由於連續的空間可以攜帶無限資訊，如果黑洞的熵有可能是由空間本身攜帶着，那麼，空間也很可能是不連續的。一些物理學家認為，黑洞的表面就像一個顯示屏，上面有一格格的像素（pixel）。這些格子的長度剛好大概是普朗克長度。在相對論中，時間和空間是混合的，因此時間也應該是不連續的。

等待下一位愛因斯坦

由於發現了宇宙膨脹，現在大部分人都相信時間有一個開端。但時空到底是甚麼呢？在所有古典的物理學中，時間和空間都是最基本的概念。其他的物理量都是根據它們來定義的。然而，在這些理論中，時空本身卻一直被當成先驗的概念。物理學發展到今天，我們終於能夠比較深入具體的探索時空的真實意思。雖然我們現

愛因斯坦認為，時空是一體的。*(Credit: Harm Kamerlingh Onnes)*

在還不能回答“時空是甚麼”的問題，但很多物理學家正致力於把相對論和量子力學結合起來，邁向一個最終的統一理論。大部分人相信，在這個理論中，時間和空間很有可能完全是“關係式”的，也是不連續的。這些觀點是否對呢？我們現在還不知道。也許，我們必須等待下一位“愛因斯坦”。

第七章

從弦論看宇宙起源

戴自海　美國康乃爾大學物理學系教授

太陽是我們星系中的一顆恆星。本銀河系的形狀像個圓盤，其中約有4000億顆恆星。太陽的位置靠近本銀河系的邊緣。在夜空中朝我們星系中心的方向望去，就會看見銀河。人們已經知道其他恆星也擁有它們自己的行星，因此我們的太陽系在本銀河系中或許並不希奇。在今日我們的可見宇宙中，有億萬個星系，不管怎麼算，都可說是浩瀚無邊。但這所有的一切是從哪裏來的？我們的宇宙是怎麼開始的？這是數千年來人類在現代化的過程中所一直思考的問題。

今日，我們對宇宙的起源知道得不少。我們知道宇宙大約是137億歲。我們可以追溯到宇宙剛誕生的時刻，約在誕生後的10^{-34}秒，當時它還差不多是原子的大小。我們對它怎麼從誕生後10^{-34}秒一直成長到今天的樣子，有一套詳盡的解釋。我們對宇宙將來會發生甚麼事，也有一些概念。這些知識大部分是在上個世紀得到的。時至今日，這個牽涉到宇宙學家、粒子物理學家、天文學家、天文物理學家、弦論家，甚至數學家的研究領域，還是相當活躍。

宇宙學已經脫離了不科學與含糊的刻板印象，蛻變

本銀河系的形狀像個圓盤，其中約有 4000 億顆恒星。*（Credit: NASA & STScI）*

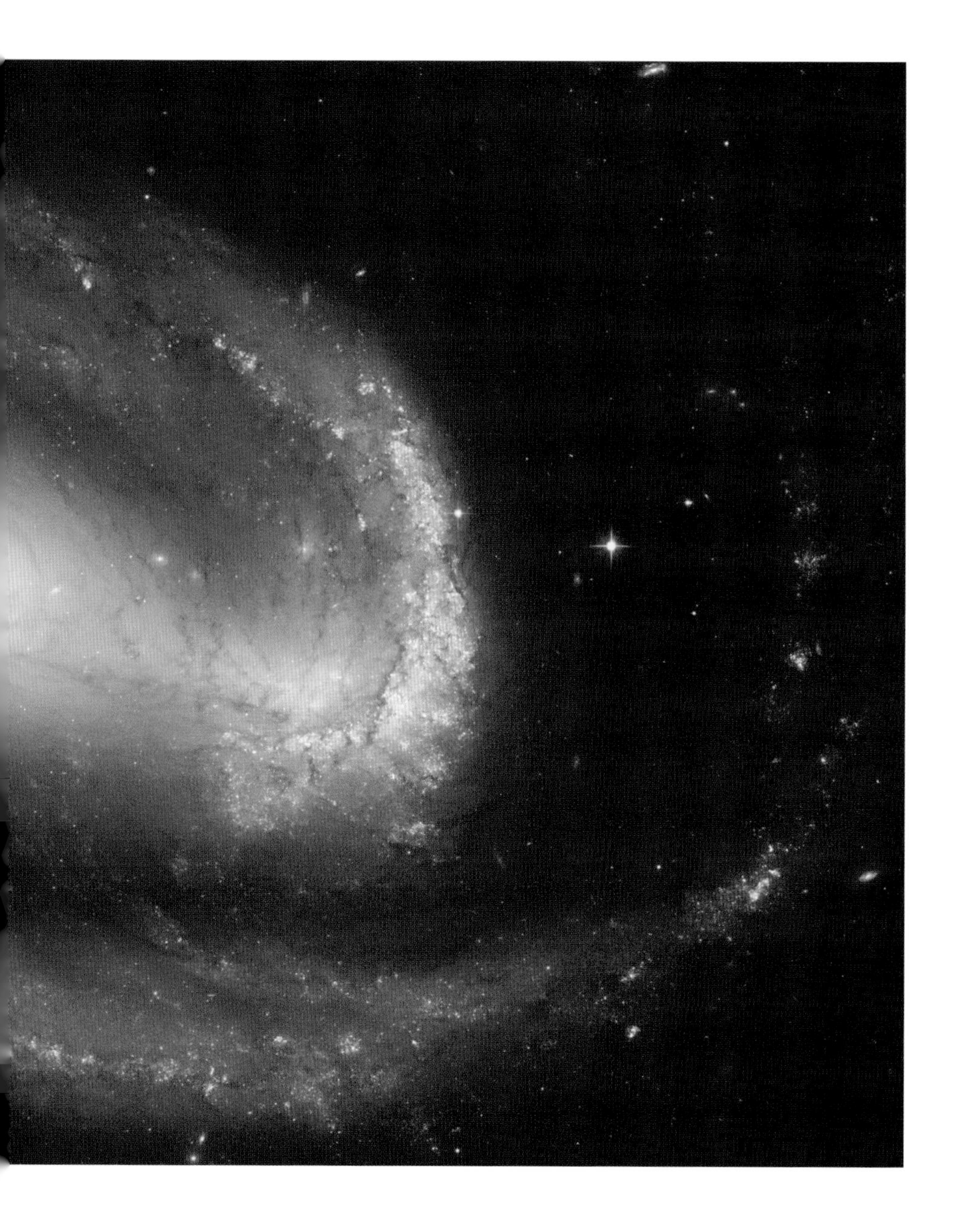

成一門精確的科學。在未來的幾年中，新的觀測資料會層出不窮。再加上對理論更深入的理解，我們預期會對宇宙的起源有更多的了解。在這裏我想要和各位分享這些驚人的發展。正如我們即將看到的，我們的宇宙擁有最最神秘與驚奇的故事。

物質告訴空間要怎麼彎

引力是一種遠程作用力；在相距遙遠的電中性物體之間，它佔有主宰的地位。因此宇宙的大尺度結構是由引力來決定的。在牛頓的萬有引力定律之後，第一個大躍進是從愛因斯坦在1907～1916年間提出的廣義相對論來的。這個理論倡議，引力無非是時空彎曲的結果。舉例來說，一團質量會讓時空變形。當另一個物體在這個彎曲的時空中自由運動時，它的運動方式看起來就像是被這團質量所吸引一樣。如此，在物體的質量不太大時，便可以重現牛頓的引力定律。

這個二維的展示可讓你掌握廣義相對論的基本概念：假想把一個保齡球擺在床上。它的"質量"會將時空（也就是床面）變形彎曲。另一個質點在此彎曲空間中運動，最後的結果和牛頓萬有引力定律所產生的結果相當。

惠勒（John Wheeler）說得好："物質告訴空間要怎麼彎，而空間告訴物質要怎麼動。"然而，當質量很重的時候，愛因斯坦的理論還會導致一些諸如具有事件視界（event horizon）的黑洞等等有趣的新物理。

當愛因斯坦的理論應用在整個宇宙上時，我們時空的幾何就由宇宙內含的各種能量形式（包括能量、質量、輻射、曲率）所決定，而這些能量形式會依序指揮宇宙在時間上的演化。當你單看一顆稻子的穀粒時，它看起來一點都不均勻對稱。不過，當你在穀倉裏隔着一小段距離看着稻穀時，它們乍看之下在各處和各方向上就幾乎相同。也就是說，當宇宙中的物質在很大的尺度下平均看來，就是均勻且各向等同的了。對這種簡化的狀況，廣義相對論導出的解顯示，這種宇宙正在膨脹。

宇宙膨脹類似氣球膨脹

1929年，哈勃（Hubble）使用美國加州理工學院直徑100英吋的威爾遜山（Mount Wilson）望遠鏡，發現星系正在離我們遠去，而且越遙遠（也越黯淡）的星系，遠離的速度越快。這表示我們的宇宙正在膨脹。

宇宙的膨脹和氣球的膨脹類

宇宙的膨脹和氣球的膨脹類似

似：假設我們在氣球表面畫些記號；當氣球膨脹的時候，這些記號便會互相遠離。固定在其共動（co-moving）位置的物體，會發現它們之間的相對距離，在所有的方向上都在增加。

在時間軸上回溯，我們宇宙的尺寸會變得越來越小，最後回到一個點。把星系目前遠離我們的速度有多快測量出來，我們就可以用愛因斯坦的解往回推算，然後會發現整個宇宙在137億年前始於一個點。我們也發現今天的宇宙的溫度大約是在絕對溫度 3K（即攝氏－270 度）。

當然，這種奇點（singular point）的存在，表示我們必須更仔細地檢驗我們宇宙的啟始。把所有的東西擠成一個點並不可能，但如果要擠進很小的區域中就有可能了。當宇宙被壓進一個很小的區域時，它會變得很熱。讓人驚奇的一點是，對宇宙的描述在此其實會變得極為簡單。要看出這一點，不妨以水為例。把水冷凍成冰可以做成冰雕，可是把水加熱成蒸氣，就只能讓它是水蒸氣。對氣體的描述，和對包含所有冰雪可能形成的千姿百態所需的描述相比，顯然要簡單太多了。

將水蒸氣冷凍到冰點以下，會產生雪花，具有許許多多不同的美麗圖樣。而且冰塊也可以刻成各式各樣的冰雕。

說到我們的宇宙，今天的宇宙在微觀下可容許不同的原子元素與分子存在，巨觀下也有生命與哺乳動物，到了天文學尺度更有星球和星系。這是一幅非常豐富而複雜的圖像。而時光回溯得夠遠，宇宙就比現在炎熱且均勻得多。核子的強作用力會隨着我們進入短距離而變弱，這讓我們對早期宇宙可以有一種簡單的描述。

這裏是一段我們宇宙的簡史。在大約137億年前，宇宙在一場大爆炸中創生。當時它是一團裝滿如電子、光子、膠子與夸克等等所有輻射與基本粒子的熱湯。隨着其膨脹，它冷卻了下來。在最初幾分鐘之間，輕原子元素的原子核於焉形成。伴隨着溫度的是浦朗克的黑體輻射。到了40萬歲左右，當時電子和原子核束縛在一起形成中性原子，這些黑體輻射，也就是宇宙微波背景輻射，就不再被吸收，而能從遠方到達我們這裏。今天的宇宙已經冷卻到絕對溫度3K左右。熱大爆炸（Hot Big Bang）核合成（nucleosynthesis），也就是各種輕元素最初形成的理論計算，和觀測資料非常吻合。3K的宇宙微波背景輻射，由阿法爾（Alpher）、 赫爾曼（Herman）和伽莫夫（Gamow）在1948年左右所預測，而在1964年由彭幾亞斯（Penzias）與威爾森（Wilson）測量到。

我們宇宙的內容

WMAP衛星發現宇宙的溫度是2.725K。還有，我們的宇宙是平的，並不彎曲。宇宙學的觀測也定出了我們宇宙的能量成份：

(1) 4% 是可觀測的物質，構成所有恆星與行星的普通物質，也就是原子。

(2) 22%是暗物質 (dark matter)，其本質我們還不了解。

(3) 74%是暗能量 (dark energy)。一樣，我們並不了解其本質。然而，許多人相信暗能量只不過是愛因斯坦所引進的宇宙學常數 (或是真空能量)，但他在哈勃的發現之後拋棄了這個想法，並稱其為一生中最大的錯誤。不過，也許愛因斯坦終究沒錯。宇宙學的一個重要目標是找出甚麼是暗物質，甚麼是暗能量。畢竟，他們構成了我們宇宙中大部分的能量成份。

我們宇宙的能量成份
(Credit: NASA / WMAP Science Team)

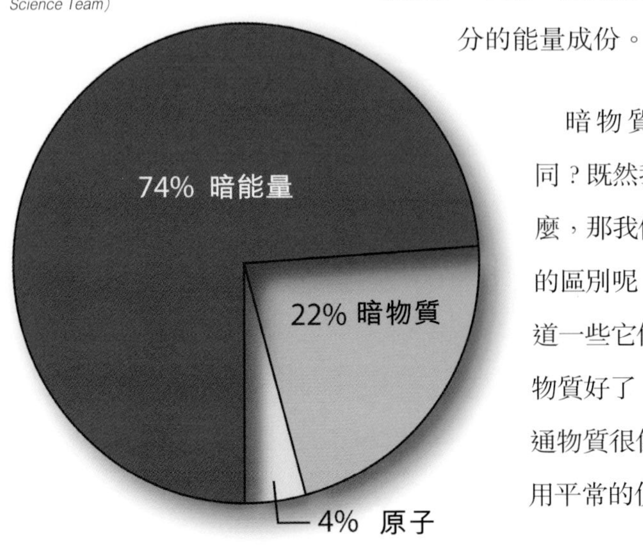

暗物質和暗能量有何不同？既然我們不知道它們是甚麼，那我們如何能勾勒出它們的區別呢？其實，我們的確知道一些它們的性質。先考慮暗物質好了。暗物質的行為和普通物質很像，只不過我們不能用平常的偵測方法看到它們。

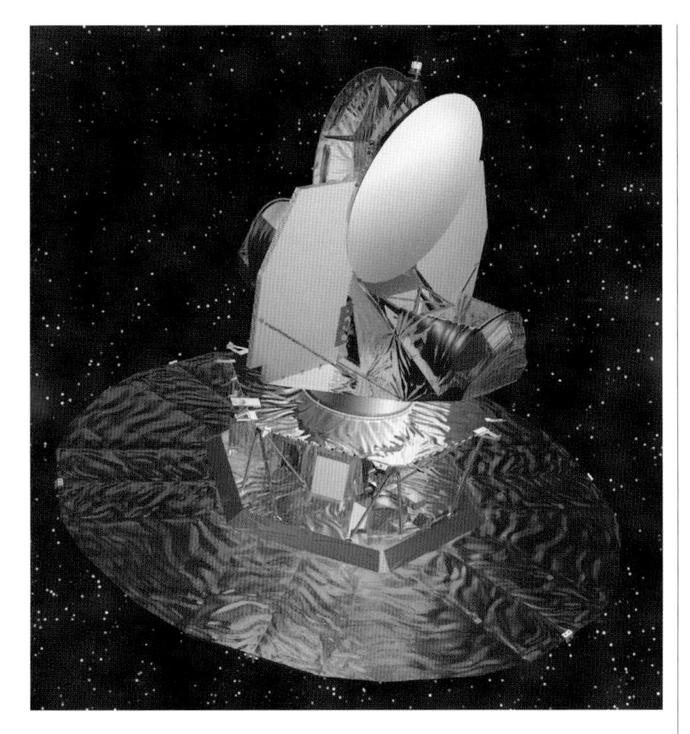

WMAP 衛星發現宇宙的溫度是 2.725K *(Credit: NASA / WMAP Science Team)*

所有的東西，包括暗物質，都會以引力相互作用，因此它們也都會在愛因斯坦的理論中出現。假設我在一個給定的體積中放了固定數量的粒子。物質的密度就是粒子的數目除以體積。隨着宇宙膨脹，體積會增加，因此密度便會跟着下降。這就是普通物質的行為，也是暗物質的行為。在另一方面，暗能量並不會隨着宇宙膨脹而有所變化。也就是說，假如宇宙膨脹了十億倍，暗能量的總量也就增加了十億倍。這就是暗能量為甚麼在早期宇宙中的貢獻並不如在現今宇宙中重要的道理。直到不久之前，宇宙的膨脹率，在其大部分的生命歷程中，已經減慢不少。然而，暗物質近來的主宰地位卻造成宇宙膨脹得更快，也就是說，加速膨脹。

暴脹的早期宇宙

現在讓我們回到早期宇宙。假如宇宙從一個大爆炸開始，那是甚麼原因造成這場大爆炸呢？也就是説，宇宙是從何而來的呢？ 1980 年，谷史（Alan Guth）提出了暴脹宇宙學説。根據這個學説，在大約10^{-35}秒時，宇宙中含有巨大的暗能量成份，遠比現在的值要大得多。於是宇宙的膨脹很快地加速。在一段很短的時間內，10^{-33} 秒中，宇宙呈指數成長，到超過原來的 1075 倍大。這就是暴脹期。到了這段暴脹期結束，大約10^{-33}秒時，幾乎所有的暗能量成份（除了一點點殘留到現在）都轉變成了輻射／物質。事實上，我們可以從一個沒有物質或輻射、比一個原子還小的宇宙開始，最後變成具有所有物質的今日宇宙。谷史將此稱之為終極的免費午餐，所有的東西從幾近虛無開始。用中國話來説，免費午餐的用法可以調換成無的概念。讓我們稱之為

"almost nothing" ＝小無

且讓我對此學説給一個簡單的圖像，然後再談談這個異常提案的三個議題。(1)這怎麼可能？我們在基礎物理中學到的能量守恆怎麼了？(2)為甚麼暴脹宇宙會

是這麼吸引人的好主意？(3)為甚麼大部分的宇宙學家都相信宇宙暴脹？

慢滾暴脹學説（slow-roll inflation scenario）用一個純量場，也就是所謂的暴脹子(inflaton)，及其有效位勢——暴脹子位勢（inflaton potential）來描述。這個位勢具有一段非常平坦的部分，因此暴脹子會慢慢地沿着位勢滾下。在它慢慢滾下的同時，根據愛因斯坦方程，位勢便提供了驅動暴脹的真空能量。然後當它到達了陡峭的部分時，它就迅速地滾落，而從位勢所釋放的能量會經由阻尼或是其他手段轉變成粒子。這加熱了宇宙並開啟了熱大爆炸。

回想一下電場 E。儲存在電場中的能量由能量密度 ~ E2/2 給定。這是能量存在電容中的方式。再回想一個簡單的事實，帶有相反電荷的物體會相吸。而對引力來説，帶有同號引力荷（也就是質量）物體之間的引力是吸引力。接着就很容易證明，對於一個引力場 g，儲存在 g 中的能量是負的，也就是説，儲存在引力場中的能量由能量密度~ －g2/2 給定。因為質量對能量的貢獻是正的，我們可以明白，要安排某種質量分佈來讓其總能量和場的能量剛好抵銷，並不是件難事。我們可以將宇宙暴脹看作是一個可以從無中產生物質，同時又遵守能量守恆的聰明機制。

對於在廣義相對論體系中的任何宇宙解，一般會預期它會帶有一點曲率，不管是正的還是負的。由於缺乏動力學對稱上的要求，要教宇宙的曲率剛好是零，是極不可能的事情。這就是所謂的平坦問題（flatness problem）。除此之外，要了解宇宙為甚麼會這麼均勻，也很困難，由於在早期宇宙中，不同的區塊是因果不相連通的，因此沒有辦法讓不同區塊的性質互相"看齊"。這是所謂的視界問題（horizon problem）。在粒子物理中，我們預期如磁單極之類的拓樸缺陷會在早期宇宙的相變中產生。然而，假如這是對的，其衍生的密度會大到將宇宙變成封閉型，而這和我們觀測到的宇宙完全不符。這就是磁單極問題（monopole problem）。這三個問題在某種程度上來説非常嚴重，因為對其粗略的估計將違背觀測數據達許多個數量級。但只要有足夠的宇宙暴脹，這三個問題就全都漂亮地迎刃而解。指數膨脹大幅沖淡了磁單極密度以及曲率，同時宇宙中因果不連通的區塊在暴脹之前其實是因果連通的。

COBE 衛星，探測宇宙背景輻射。*(Credit: NASA)*

在暴脹子滾下位勢的同時，量子漲落會導致暴脹子的起伏。這會使它在不同的地方滾下位勢的時間有些許不同，於是引進了一種物質／輻射密度在不同位置的微小漲落。這種密度漲落在引力作用之下是不穩定的，因此它終會成長，最後導致結構／星系的形成。這種漲落也會導致 3K 宇宙微波背景輻射的溫度漲落。這個微小的溫度漲落在 1990 年代初期首先由 COBE 衛星觀測到。暴脹模型預測這個微小的溫度漲落會產生一種幾乎與尺度無關的功率譜。這在最近被WMAP衛星及其他實驗所證實。在未來幾年內，會有許多實驗開始進行，它們將會製造大量的數據資料，來檢查這個學說的更進一步細節。

膜暴脹

暴脹宇宙的提出，是為了要解答許多微調問題，如平坦問題、視界問題和拓樸缺陷問題。除此之外它也為熱大爆炸(終極免費午餐)提供一種來源，它所預測的近乎尺度不變的密度微擾功率譜(我們宇宙結構形成的原由)已經從宇宙微波背景輻射的溫度和偏極化的漲落觀測上，得到了強力的支持。然而，暴脹學說關鍵要素，也就是暴脹子與其位勢的來源，並沒有確定。在這層意義上，許多人奉為典範的暴脹宇宙學說，並不算是一個理論。隨着宇宙學的觀測資料持續以令人印象深刻的方式突飛猛進，我們得趕緊找出一個具有堅實理論基礎的特定模型才行。

許多人相信超弦理論是描述所有物質與作用力的基本理論，其中包括了一部自洽的量子引力。事實上，它是目前已知唯一一個能用量子力學上自洽的方式、在描述我們今日宇宙的閔考夫斯基時空(Minkowski spacetime)附近，將廣義相對論納入的理論。這個理論也異常複雜，展現出許多深奧且豐富的數學與物理結構。然而，一般相信弦的能量尺度過高，以致於在任何可預見未來的高能實驗中，幾乎不可能看到弦的跡象。由於這麼高的能量尺度也許在早期宇宙中曾經達到過，在宇宙學中尋找弦的跡象，就變得十分自然。朝天空看來檢驗基本物理並獲得其信息這種事，具有悠久的傳統。這正是跟隨着，比如說，牛頓發現引力定律以及愛因斯坦發現廣義相對論所採取的路徑而行。

假如弦論就是萬有理論(theory of everything)，我們應該能夠在其中找到一個很自然的暴脹宇宙學說才對。這可以讓我們鑑識出暴脹子及其性質，同時宇宙學的測量也將幫助我們決定對宇宙的精確弦論描述法。要是運氣好，我們甚至可能在此框架下，從宇宙學資料當中找到顯著的弦論特徵，從而驗證我們對此理論的信仰。由於暴脹尺度居然和弦的尺度差不多，這樣的研究顯然相當值得去做。假如這個學說是自然的，人們必須能夠解釋為甚麼大幅暴脹是廣泛的性質(而不需要微調)。我們將會看到，膜暴脹也能提供不久的將來觀測研究所能偵測得到的弦論特徵。

膜世界

1995 年普金斯基（Polchinski）在弦論中找到 D- 膜，這項發現已經讓弦論改頭換面。Dp- 膜是一個有 p 維空間的物體，因此一般的薄膜是 2- 膜，弦是 1-膜，而 3- 膜則可以充滿我們的三維空間。在弦論的本質上有一種自然的實現(realization)，叫做“膜世界”(brane world)。在膜世界中，我們的宇宙乃是由一疊 D3- 膜所展（span）出來的。 所有標準模型中的粒子(電子、夸克、光子、膠子等等)都是開弦(open string)的模(mode)。由於開弦的每個端點必須要接於某個膜上(那是定律)，標準模型的粒子(輕的粒子)遂被黏着在 D3- 膜的堆疊上。弦論在空間上有 9 維，因此這些 D3-膜在這多出來的 6 維立體空間中的行為和點一樣。引力子，是閉弦的模，能夠從膜上離開而進入塊體(bulk)。自洽性(牛頓常數的值是有限的)要求我們要把這 6 維塊體緊緻化(compactify)，使其大小為有限值。為了和標準模型一致，它們必須得緊緻化成一種特殊型式的流形，稱作卡拉比—丘流形（Calabi-Yau manifold)。這些流形是一種數學建構，其存在性是由卡拉比在1957年首先提出猜想，而在1976年終於由丘成桐所證明。丘成桐的證明是建構式的，這讓弦論家得以仔細地研究它們。

近來，弦論家能夠在動力學上穩定這些緊緻化空間，並且找到了許多解，一個典型的例子是所謂的KKLT真空。這套建構法十分成功，使得許許多多的解被發現，數量雖沒有無限大，也有約10500個之多。這被稱為宇宙弦論地景。此刻，弦論家正在研究這個全新而又讓人有點驚奇性質的意義與暗示。

假定我們今日的宇宙是由弦論裏的這類膜世界解來描述，那麼一個簡單、寫實且有充分動機的暴脹模型就是膜暴脹。試着想像一對D3-膜與反D3-膜。膜在所謂的RR場之下帶有"電荷"。一個反D3-膜和一個具有同樣張力的D3-膜幾乎無異，只是帶有相反的RR荷。因此它們會彼此相吸。在早期宇宙中，暴脹子正是D3-膜在高維空間中運動時（相對於反D3-膜）的位置，而暴脹子位勢包括了它們的張力以及相吸的引力加上RR場位能。暴脹發生在D3-膜在6維的塊體中朝反D3-膜移動的時候，而在它們相撞並湮滅對方時暴脹結束。在暴脹之前出現的漲落，如缺陷、輻射與物質，會被暴脹所沖散。互相湮滅則將膜的張力能量釋放出來，將宇宙加熱，而開啟熱大爆炸時期。

為何說這個膜暴脹學說自然而強韌，理由乃是隨弦論的性質而來。動力學緊緻化引進了拗曲幾何（warped geometry），導致暴脹子被指數拗曲到低能量尺度，也就是說，它自動就會非常平坦，而允許大幅的暴脹。當位勢不夠平坦而暴脹子試着加快移動時，我們就會看到普通的場論近似失效了。弦論告訴我們要用更複雜的狄拉克—波恩—英費爾德作用量（Dirac-Born-Infeld action）。再加上拗曲幾何，便為暴脹子的運動提供了煞車，從而使D3-膜不得不慢慢地朝反D3-膜移動。這些使宇宙暴脹變得自然而然的漂亮特色，正是清楚的弦論特徵，它們可導出新穎獨特的弦論預測，讓觀測宇宙學家搜尋與量測。

宇宙弦

膜暴脹有另一個令人驚奇的普遍結果，是在暴脹接近尾聲、當膜對撞並互相湮滅時，會有宇宙弦(cosmic string)產生。互相湮滅將膜的張力能量釋放出來，將宇宙加熱，而開啟了熱大爆炸時期。一般而言，所有尺寸與型式的弦都有可能會在對撞中產生。大尺寸的基本弦和D1-膜變成了宇宙超弦。其中的一些可以伸展到橫跨宇宙之長。很重要一點要注意的是，如弦論所推導的，並不會有像疇壁（domain wall）或磁單極之類的拓樸缺陷產生。在這個弦論的建構之下，D2-膜和D0-膜並不存在。

和會把宇宙封閉而被列為災星的疇壁或是磁單極相比 ，宇宙弦是很 OK 的。理由眾所周知。這是因為弦的一維本質以及它們之間的相互作用：它們傾向互相換位而把自己截斷，由此造成的小環圈，經由引力輻射而傾向衰變。宇宙弦的歷史相當悠久。它是由奇保 (Kibble) 等人所首先提出，後來被應用來產生密度微擾，以作為形成結構的種子。作為一個暴脹學說的競爭者，它已經被宇宙微波背景輻射的測量結果所剔除。而這裏，在膜暴脹中，宇宙弦對溫度漲落的貢獻要小得多，因此可以和所有已知的觀測資料相容。然而，未來的實驗可以經由各式各樣天文學和宇宙學的搜尋來偵測它們。研究路徑有引力透鏡效應、毫秒波霎 (milli-pulsar) 周期測定、都卜勒效應、宇宙微波背景輻射的偏極化，以及引力波的偵測。

此刻，宇宙學的資料為膜暴脹學說的細節加上很強的限制條件。但在宇宙學觀測中，要發現特殊的弦論特徵，以揭示具體特定的弦暴脹學說，並確認弦論與膜世界圖像為真，還有很長的路要走。

宇宙自發創生

現在我們既然已經提出在弦論中如何以膜暴脹來實現宇宙暴脹了，我們能夠再問一次在膜暴脹時期宇宙是如何開始的。

在 1982~83 年間，維蘭金 (Vilenkin)、霍金 (Hawking) 等人提出暴脹宇宙可經由量子漲落而從無中蹦出來。這裏的無，指的是連經典的時空都不存在。為了和 “小無” 區別，我們稱之為

Nothing = 大無

原始的提議會導致某些技術上的困難。然而透過更小心地處理量子穿隧(quantum tunneling)中的去同調(decoherence)效應(這在量子測量中是已經透徹了解的方式)，似乎就可以解決這個問題了。你可以想像這是一個從"大無"穿隧到某個特殊暴脹宇宙的過程。對於弦地景的任何一個位置，(至少原則上)我們可以計算從大無到那個位置的穿隧機率。具有最大穿隧機率的位置會被選中。我們發現具有三維巨觀空間維度、和我剛才為各位描述的宇宙類似的膜暴脹宇宙，會比地景中的其他位置(比如說超對稱的位置)要可能發生。這讓人非常鼓舞。

想當初，真空也曾被認為是一個已被透徹了解的概念，直到量子場論的降臨，狀況才有所改變。當狄拉克在1920年提出狄拉克方程，開始有了狄拉克海(Dirac sea)的觀念，忽然間，真空的意義變得不尋常了。20世紀的理論物理有很大的部分是致力於了解真空的意義。

Vacuum = 真空

目前為止，我們有信心說我們對標準模型中的真空是甚麼有很好的掌握。在弦論中，時空也許是一種導出的概念，而不是將弦論建立於其上的基本建構。這提供了一個機會，讓弦論能指引一條通往這個大無真義的明路。說不定我們在21世紀，就已經準備好掌握弦論中大無的意義了。

檢驗弦論

上面我回顧了宇宙學的巨大進展，這允許我們探究在宇宙的年紀只有10^{-35}秒時所發生的事情。這個驚人成就的達成，靠的是結合理論上的大步躍進和推動實驗觀測到新高點的技術創新進展。我們現在已到達精確宇宙學的資料即將能夠經由膜暴脹來檢驗弦論預測的階段。最終，弦論也許可以經由宇宙學來檢驗。若是運氣好，我們也許能看到超弦跨越天際。事實上，宇宙學是觀看弦論的最好窗口。偉大的未來正等着我們。

翻譯：林世昀

第八章

量子引力與宇宙起源

胡悲樂　美國馬里蘭大學物理學系教授

——*夏蟲不可以語於冰。*　　　(莊子《秋水》)

基於觀察上的證據，今天我們普遍相信，宇宙正在膨脹，而建立在羅伯森－沃克度規(Robertson-Walker metric)和佛里特曼(Friedmann)解的標準模型，便足以描述今天的宇宙。我們也相信，宇宙在更早期曾快速地指數膨脹，這可由1981年谷史(Guth)提出的暴脹模型來描述。另外，由愛因斯坦方程得知，宇宙過去曾有一段時間擁有超高的曲率和質量密度。這個過程就是一般所謂的"大爆炸"(Big Bang)。1967年，理論物理學和數學家彭羅斯(Penrose)、霍金(Hawking)、葛羅契(Geroch)證明廣義相對論(general relativity)必然出現超高曲率和密度的狀態，並稱之為"奇點"(singularity)。

宇宙的"起源"是甚麼意思？

我們說宇宙的"起源"，指的是甚麼？宇宙是如何出現的？可以沒有起源嗎？我們還可以更大膽地問："大爆炸之前是甚麼？"有很多終極性的問題，是可以去探問和思考的。要回答這些問題，我們必先了解時空的狀態、結構和動力學。我們需要一個時空結構的微觀理論。

我們相信，經典引力學的定律從超星系團到超小的普朗克（Planck）尺度（10^{-33} 公分或是 10^{-43} 秒）之間都適用。比這更小或更早的宇宙，就必須訴諸量子物理的定律，也就是量子引力理論（quantum gravity）。在弦論（string theory）誕生之前的30年，這曾是理論物理學界最具挑戰性的尖端課題。當時，量子引力的研究幾乎都致力於尋找將廣義相對論量子化的方法。由此所發展出最為成熟的理論是環圈量子引力論（loop quantum gravity）。弦論則大異其趣，其擁護者大多相信他們已經找到這樣一個理論。（可參見本書第七章戴自海的"從弦論看宇宙起源"一文）

甚麼是量子引力？

儘管科學家會各自採取不同的門徑去了解量子引力，但他們可能都會同意一點：量子引力的目標，就是去發現時空的微觀結構。不過，量子引力的定義方式，或是其研究方法，其實差異很大：有些人相信，將時空〔度規或是聯絡（connection）〕的巨觀變量給量子化，便能得出微觀尺度的理論。過去半個世紀以來，廣義相對論學者便埋首於此項工作。對另一些人而言，時空是

137 億年前發生了大爆炸，在那 4 億年後形成了第一批星體；但在大爆炸之前是甚麼？*（Credit: NASA / WMAP Science Team）*

由弦或是環圈所構成，他們的任務就是去闡明我們今日所熟悉的時空結構是如何生成的。我們可以將以上的研究門徑視為“由上而下”的模型。現在，我想要提出的，是第三種學派的想法：將時空的巨觀變量視為一種衍生的、集體的變量，而這種變量只有在能量很低、尺度很大的時候才生效，在能量高很多或是尺度小很多（例如比普朗克尺度還小）的狀態下，這個變量整體而言會失去意義。這種觀點主張，我們應該拋棄將這些巨觀變量量子化的想法，直接探究找尋微觀的變量。現在，我來說明這個我所欣賞的觀點。

廣義相對論是時空微結構的流體動力學

這個學派於 1968 年由俄國物理學家沙卡洛夫 (Sakharov) 所創立，將廣義相對論視為描述時空從一種更為基本微觀理論所衍生出來的，在低能量、長波長才成立的流體動力學，而其度規和聯絡則是從中所衍生出來的集體變量。在波長較短或能量較高的情況下，這些集體變量將會喪失其意義，一如晶體的振動模式在原子尺度下就不再存在。要是我們將廣義相對論視為一種流體動力學，而將度規或聯絡視為流體動力學的變量，一旦將它們量子化，所得出的只會是一套集體激態量子模式的理論〔像是晶體中的聲子 (phonon)〕，而非原子或量子電動力學 (quantum electrodynamics, QED)

這種更為基本的理論。

根據這個觀點，從將引力波視為微擾，到將黑洞視為在強耦合下的孤立子，大部分巨觀尺度的引力現象，都可以視為集體的模式以及流體動力學的激發狀態。透過更精確的觀測工具或是數值技巧，或許我們在這個幾何流體動力學中，還可以找到紊流效應的類比。

跟其他的門徑比較起來，這個觀點在意義和實際操作上都大不相同。為了進一步了解這些差異的根源，我們先回顧一下物理學中兩個主要的典範，它們在理論宇宙學中分別強調兩種不同的研究方向。

物理學中的兩大典範

不論是哪一種宇宙學模型，都會包含兩種基本面向：一個面向和基本組成以及基本力有關，另一個則和結構與動力學有關，亦即這些組成份子藉由基本力為媒介而產生的組織連結和作用。第一個面向關注描述時空和物質組成的基本理論，第二個面向描述宇宙結構與動態，是一般宇宙學歸屬的範疇。

這兩個面向幾乎瀰漫在物理學（甚或一切科學）的所有子領域中，將之辨識並不難。在物理學中，第一個面向和物質的"基本"組成以及力有關的是量子場論、量子電動力學、量子色動力學（quantum chromodynamics, QCD）、大一統理論、超對稱理論、超引力理論、量子引力論，以及弦論。第二個面向與結構和動力學有關的，則是生物學、化學、分子物理學、原子物理學、核子物理學等主題。在今日，第一個面向主要反映在基本粒子物理學和量子引力理論這兩門學科，而第二個面向則運用在廣義的凝態物理學領域。在這意義下，我們可以將核子物理視為夸克和膠子的凝態物理。

不過，不論哪個領域都具有這兩個面向的二象性（duality）和互動性（interplay）。一方面，為了發現或推導出自然的基本定律，我們通常要對特定系統的結構和性質加以仔細檢驗；例如原子光譜學和散射作用在發現量子力學和原子理論上所扮演的角色，以及加速器實驗對於粒子物理學的必要性。另一方面，一旦我們發現了基本力和組成物的本質，我們就會想從這些基本定理去推導出可能的結構和動力學，來描述自然界的真相。因此，從電磁作用來研究電子和原子，是凝態物理的起點。而經由量子色動力學推導出核力，在今日仍舊是核子物理研究的中心任務。此外，從廣義相對論推導出中子星、黑洞和宇宙的特性也就是相對論天文學和宇宙學的主要課題。

要注意的是，許多已知的物理力在本質上是有效力，而非基本力（因為它們是可約的）；如原子力和核子力。此外，有許多學科都具有雙重面向，特別是發展未成熟的領域，我們尚未對其系統的基本力和基本組成有充分的了解。例如粒子物理同時研究結構以及相互作用〔像量子味（flavor）和色（color）動力學〕。在弦論和許多的量子引力理論中，應該也會有複合性和基本性的雙重面向。

宇宙學中的兩個基本面向

那麼宇宙學呢？當然上述的兩個觀點都很清楚地出現其中。新奇的部分是，除了物質(由粒子和場所描述)之外，我們還需要將時空（由幾何學和拓樸學所描述）納入對這兩種觀點的考量。

在第一個面向中，當我們考慮基本組成和力時，有兩種相峙的觀點。唯心論者認為時空是基本元素，宇宙的定律應由幾何動力學所主宰。物質不過是時空的微擾，而粒子則是幾何動力學的激子(exciton)。這些理論並不怪，只是愛因斯坦理論的延伸：粒子力是內空間對稱的表現，而引力子（graviton）則是弦的一種共振態。

相反的，“唯物論者”所持的看法是，時空乃物質場相互作用的大尺度整體表現。根據沙卡洛夫，引力應該被視為一種有效作用，像彈性是由原子力衍生一樣。這種說法是“感應引力”（induced gravity）理論的前提。雖然它有很多技術困難，這種觀點倒引發了一些深思。例如它認為，藉由將度規量子化而嘗試去推導出引力的量子理論，這和企圖從彈性力量子化來推導量子電動力學一樣的無稽。

近年來，粒子－場與幾何－拓樸學之間的表面差異，已逐漸消融於弦論之中。一個概念有不同的含意：時空和超弦是同一理論的兩種表徵，確實為我們認識宇宙的本質提供了新的觀點。在高能和低能之間的二象性，塊體（bulk）內"規範理論"（gauge theory）與邊界上"保角場論"（conformal field theory）之間的相當性，以及有意義資訊投映在物體表面的"全息原理"（holography principle），或許是最引人入勝的一些新想法。

至於宇宙學的第二個面向，亦即基本力在天文學和宇宙學的物理過程之表現，我們可以看到，幾乎在所有物理學的子學科中，都有一個相應的天文物理學分支。然而，要掌握宇宙學的中心思想，不僅僅是將這些個別的分支簡單相加起來，一如許多天文學子領域中所描述的那樣。宇宙應被視為一個整體。宇宙學還有更深更廣的問題，像是宇宙如何出現，以及為何以這種方式出現等全面性的命題。這都會追溯到量子力學和廣義相對論令人困惑的根本矛盾上。而為了解開這些疑惑，我們就得回到上述的第一個基本面向去。

宇宙學研究的兩個方向

根據對這兩個面向強調的程度，目前宇宙學理論研究大致上有兩個走向：

A）宇宙學作為量子引力和弦論的推論。

B）宇宙學用以描述宇宙的結構和動力學。

在第一個方向中，我們也可以納入這幾種看法：將宇宙視為物理定律的一種展現、視為規則的制訂者，或是資訊的處理者。這個宇宙學研究的方向觸及了量子力學、廣義相對論以及統計力學的基本原則。在這個領域中，提出有意義的問題，和尋求解答幾乎是一樣的重要。如此進展雖將緩慢，但是知性上的回報卻是豐碩的。

第二種方向可以用這個比喻性的描述來表現其特徵：《宇宙學作為一種"凝態"物理學》，這是我在1987年香港舉辦的一個物理會議中所提供的一篇論文標題。這裏的"凝態"同時指物質和時空。在那篇論文中，我以幾個表列去比較凝態物理、核物理以及早期宇宙物理學的主要內容，並描繪出近期凝態物理幾個主要命題的進展。值得注意的是，複雜系統中非線性（nonlinear）、非定域性（nonlocal）和隨機（stochastic）行為之間的重要性正與日俱增。我的想法是，在普朗克尺度下，在太初宇宙的結構和演化上，有兩個新要素很可能扮演着決定性的角色：一個是拓樸學，另一個則是隨機性，這兩者對物質－場，以及時空－幾何都適用。

上述兩個領域中的進展也帶來新的動力：1）粒子物理和量子引力，像弦論、環圈量子引力和單純形引力理論（simplicial gravity）已有可循的數學表述。2）凝態物理，例如臨界動力學、量子相變、有序－無序跨越（order-disorder cross-over）、動力和複雜系統等。這兩個主要物理領域之互相啟發和激勵，將有助於我們認識物質各態的組織和動力學的新貌。這些技術和想法也能提供有用的點子，去了解時空如何形成、宇宙如何演化、其內容是由甚麼來決定，以及這許多不同的結構形式是如何開展出來這一系列的問題。宇宙學研究會因着對這些新生事物的認識和掌握而獲益。

三層次：經典、半經典和隨機引力

之前提到，我們對量子引力的觀點是，與其去將巨觀變量給量子化，還不如尋找微觀變量來得有用。在上述的兩個典範中，為了要弄清楚時空的微觀結構，凝態物理比基本粒子物理學的典範更接近我們的觀點。我們所採用的手段，多仰賴統計和隨機方法，而我們關注的焦點是，如何從目前已知的巨觀尺度結構，推算顯示更基本性未知的次結構。如果我們將經典引力視為一個有效理論（亦即，其度規或連結函數的作用，就像是某些基本組成的集體變量，僅僅適用於描述大尺度的時空），而將廣義相對論視為那些基本組成趨向流體動力學的極限，那麼我們便可以追問，是否有個像是分子動力學或量子多體系統的介觀(mesoscopic)物理所掌控的範圍，介乎量子微觀動力學和經典巨觀動力學之間。此外，為了讓這些理論能夠在實際上應用，介觀物理學也包含了從微觀到巨觀，以及從量子到經典的轉變這理論物理學的兩大主要問題。

為了確認巨觀和微觀時空之間的中介尺度結構，從檢視廣義相對論這個現成的引力理論着手，會是個有效的方法。

廣義相對論為大尺度時空特徵及其動力學提供了絕佳的描述。經典引力學將物質視為愛因斯坦方程式中的源（source）。一旦物質源包括了量子場，彎曲時空量子場論（quantum field theory in curved spacetimes）就必須引入。在半經典引力學（semiclassical gravity）的領域中，愛因斯坦方程式中的源來自量子物質場的"能－動張量算符"（energy-momentum tensor operator)相對於某些量子態之期待值。半經典引力指的是由量子場源所導出的經典時空理論，因此它包含了量子場在時空中的反饋作用(backreaction)，使量子場和時空進行自洽的演化。霍金的黑洞輻射及谷史的暴脹宇宙模型是這理論的兩大範例。半經典引力理論為我們由下而上探究量子引力理論提供了一個堅實的基地。

比半經典引力再高一層次的是隨機引力(stochastic gravity)，這理論是以量子場漲落為源的愛因斯坦－朗之萬方程（Einstein-Langevin equation）為中心。我們探討量子引力就是以隨機引力為基點，以介觀物理作引導。

那麼，甚麼是介觀時空物理學？如何以隨機引力理論來進行探究呢？

介觀結構和隨機引力

我在1994年一篇會議論文中指出，包括"宇宙密度矩陣"（density matrix of the universe）在去相干(decoherence)過程中從量子轉變到經典時空、在普朗克尺度下的相變或跨越行為、穿隧(tunneling)和粒子生成，或是由於真空漲落（vacuum fluctuations）促成的星系形成，這些問題，都牽涉到介於巨觀和微觀結構之間的介觀物理，和原子／光學、粒子／核子、凝態或量子多體系統內許多問題具有相同的基本關照。在這些問題背後有三項要素：量子的相干性(coherence)、漲落（fluctuations）和關聯（correlations）。以下我們討論對場與時空在量子／經典、微觀／巨觀界面上，與離散／連續或者隨機(stochastic)／決定性(deterministic)轉變這些問題上更進一步的了解，如何能對解決一些引力、宇宙學和黑洞的基本問題有所幫助。

隨機引力理論是將量子漲落效應自洽地納入半經典引力理論最自然的推廣。該理論的中心是“雜訊核”(noise kernel)，亦即一雙能－動張量的期待值。我們相信，在這能動張量兩點函數和更高階關聯函數之中，蘊藏着一些珍貴的新資訊。這些更高階的感應度規關聯函數參與在愛因斯坦－朗之萬方程式，可以在半經典引力理論不適用的尺度中，反映出更精細的時空結構。在這介觀物理領域，雜訊(noise)、漲落、耗散(dissipation)、關聯和量子相干性扮演了重要的角色。雜訊攜帶量子場關聯的資訊，通過愛因斯坦－朗之萬方程支配感應度規漲落，從此可以尋獲引力和時空被遺忘的量子相干性。隨機引力提供了量子場的雜訊以及度規漲落之間的有機聯繫。

這個新的架構讓我們得以發掘時空的量子統計特性：這包括量子場中的漲落是如何誘導度規漲落、從而播下星系形成的種子，早期宇宙的量子相變，黑洞量子視界的漲落，黑洞環境下的隨機過程，黑洞力學中霍金輻射的反饋作用，以及超普朗克(trans-Planckian)物理的新意義。理論層面上的問題則包括，以隨機引力探究半經典引力的效力(有視於度規漲落的強度)，以及暴脹宇宙學的可行性(真空能量如何出現和持續)。立足於已然確立的低能量(次普朗克尺度)物理，隨機引力在探索和高能(普朗克尺度)物理、亦即量子引力之間的關聯上，也是有用的台階。

時空作為強關聯系統中的衍生集體態

根據介觀物理來檢視關聯和量子相干性的問題，我們認識到作為愛因斯坦－朗之萬方程式的源的能量動量兩點函數，相當於電子傳導中電流對電流的兩點函數。這意味着，我們是在計算量子場物質粒子的傳輸函數。按照愛因斯坦的觀察，時空動力學是由物質(能量密度)來決定、而物體運動也同時受時空曲率所支配。我們預期在物質能量密度漲落中的關聯所呈現的傳輸函數，也具有對應的幾何特性，並且在比半經典引力能量更高的尺度中也能找到等同的意義。這和將廣義相對論視為一種流體動力學是相符的：傳導率和黏滯性都屬於流體力學中的傳輸函數。這裏我們在找尋時空結構力學的傳輸函數。馬丁 (Martin) 和韋達格 (Verdaguer) 在閔考夫斯基時空中對愛因斯坦張量關聯函數的計算跨出了第一步。塩川一登武(Shiokawa)所計算的度規傳導性漲落是另一步。

基於許多實際上的考量，要對中、低能物理做出一般性的描述，往往並不需要去了解它們的基本組成或其相互作用的細節；我們只要能夠以半現象學的概念去塑造它們就夠了。一旦基本組成之間的相互作用增強，或是探測的尺度縮短，系統內與更高關聯函數相關的效應就會出現。研究強關聯系統能夠獲得一些具有啟發性的樣本。因此，從介觀物理去思考，以隨機引力理論出發，我們可以開始去探測量子物質的更高關聯，及伴隨的集體激發態，從幾何－流體動力學，到介觀時空動力學的動力論(kinetic theory)，最終得到微觀時空動力學—量子引力的理論。

當我們從時空巨觀結構去尋找通往微觀時空理論的線索時，我們必須先將注意力集中在動力／流體力學，以及雜訊／漲落的面向。統計力學和隨機／或然率理論的觀點，將扮演要角。我們將會遇到大量非線性和非定域性的結構〔空間上的非定域性、時間上的非馬科夫性(non-Markovian)〕。另一個同等重要的要素是拓樸學：拓樸特徵可以在步向巨觀世界必經的粗粒化(coarse-graining)、或是有效／衍生(emergent)的過程下，得到更多保留，這些都是拆解隱藏的微觀世界結構有用的工具。

將時空視為凝聚體？

我想和各位一起探索一下近年來由"玻色－愛因斯坦凝聚體"(Bose-Einstein Condensate, BEC)所發展出來的新觀念，亦即將時空視為一個流體動力學的實體。這個觀念説的是，或許這個可以由流形來描述、只有在某些基礎理論的低能量和長波長近似下才有效的時空，是一種凝聚體。我在另一文章內解說過凝聚體的特性。為了說明這觀念，我們可以暫且用BEC來類比，將之視為多原子的一種集體量子態，具有巨觀的量子相干性。

原子只有在非常低溫的狀態才會以凝聚體存在。在理論提出的數十年之後，科學家才找出新的方法來冷卻原子，於實驗室中終於見到BEC。因為當今的宇宙是很冷(約3K)，將比擬為時空的凝聚體不會太奇怪。但我們相信，主宰今日宇宙的物理定律就算回到"大一統理論"(Grand Unified Theory, GUT)和普朗克溫度(10^{32}K)時期，仍舊有效。既然根據愛因斯坦理論所建立的時空結構足以支撐低於普朗克溫度的所有宇宙時期，要是我們將今日的時空視為凝聚體，那麼在當初那高到不像話的溫度下，宇宙仍會保持在凝聚體的狀態嗎？

我的答案是肯定的。人類認為很高的溫度，在物理作用所定義的溫度尺度中並不生效，而一切物理作用都由物理定律所主宰。我們無理由認為在此高溫下時空凝聚體就不適用，而且有必要進一步將這個概念推到它的極限，坦然接受這個結論：只要平滑的流形仍舊適用於描繪當時的時空結構，而所有的物理作用都發生在該時空中，那麼所有今日已知的物理都算是低溫物理。時空凝聚體在稍低於普朗克溫度便開始成形。但根據我們目前所理解的物理定律，要是超過這個溫度，時空凝聚體便不復存在。在這樣的意義下，我們所知的時空物理學就是低溫流體動力學，而敘述今日宇宙的物理就是一種超低溫物理，就像超流體和 BEC 。

時空本來就是一種量子體

將時空視為一種凝聚體，更加困難的部分在於，要在今日的時空中（而非在普朗克時期）辨識並確認出其量子特徵。傳統的觀點認為，時空在比普朗克長度大的尺度下是經典的，但在比普朗克長度小的尺度下就是量子的。這是主張將廣義相對論，即度規和聯絡量子化的根據。但是，若將時空看做是凝聚體，那就應該接納宇宙在本質上就是個量子體的觀點，而微觀的基本組成份子、也就是時空"原子"的多體波函數，在用來描述其大尺度行為的平均場（mean field）層次（有序參數場（order parameter field），會遵守類經典的方程式，像是在 BEC 中的"葛羅斯－皮塔耶夫斯基方程"（Gross-Pitaevskii equation）一樣。該方程式已證實能夠成功地描述 BEC 的大尺度集體動力學，直到量子漲落和強關聯效應進入圖像中為止。

愛因斯坦方程有沒有可能也和描述BEC的葛羅斯－皮塔耶夫斯基方程一樣，是個描述時空量子流體之集體行為的方程？儘管更深層的結構應是由量子多體波函數來表示，其平均場應遵從經典的描述。這在量子力學中有許多的例子。對於任何一個能和其環境具備雙線性耦合的量子系統，或是本身就是高斯函數(或是符合高斯趨近的描述)，其物理量的量子算符的期望值所滿足的運動方程，都會和其對應的經典量所滿足的運動方程具有相同的形式。聯繫量子和經典層面的愛倫法斯定理(Ehrenfest theorem) 就是一個典例。

顯而易見的挑戰是，假如宇宙在本質上就是量子的、具有相干性的，那我們期望在何處可以看到時空的量子干涉現象？用 BEC 力學的類比，我們可以找到一些有用的事例，像是在BEC崩潰(Bosenova)中的粒子生成實驗。有個顯著的新現象是時空凝聚體的真空能量，因為如果時空是個量子體，真空能量密度便會一直存續到我們目前這個晚期宇宙。用傳統的經典觀點很難解釋時空的真空能量。

對宇宙起源的寓意

那麼，這個對量子引力的另類觀點在宇宙學的重要課題上提出甚麼新看法？我們就從目前可觀察到的低能現象着手。最近，從超弦到其他的理論都有許多關於“勞侖茲不變性”(Lorentz invariance)在超高能狀態下將被破壞的討論。勞侖茲對稱是在我們時空定域結構(閔考夫斯基時空) 已然確立的對稱性，它先是在麥克士威電磁方程式中被發現，後被當作新力學定律納入狹義相對論。此對稱性取代了牛頓理論倚為基石的伽利略對稱。閔考夫斯基提供了這個時空新理論的幾何描述。

在“流體”時空的觀點中，勞侖茲不變性是個衍生的對稱，只能應用在演化至我們現階段晚期宇宙時空的大尺度結構。而且就像流體中的許多對稱，它們在分子動力學的層次上並不存在。在更精細的層次中，其結構和動力學是由另一類的對稱性所控制。當時空形式在次普朗克能量趨向連續而平滑的流形結構，並可用微分幾何來描述時，勞侖茲和其他對稱就會衍生。在小於普朗克長度的尺度下，時空形式有可能會是一種具有非平庸拓樸(non-trivial topologies)的類泡沫結構，這就是惠勒（Wheeler）的時空泡沫觀點。勞侖茲及其他只有和平滑流形之類大尺度結構相關的對稱和不變性屆時便不再適用。因此，不難想像，將來我們會陸續放棄許多目前所珍視及肯定的定律和秩序，因為我們的經驗大都局限於十分特定的情況。從衍生的觀點着眼，或是從莊子“時無止，分無常”的哲學來看，沒有一個定律是神聖不可侵犯的，也沒有任何事物是永恆的。

這個觀點還意味着，明辨不同層次的結構存在着基本的差異，可以幫助我們去確認哪些想法站不住腳，從而省卻一些無意義的探索。在描述牽涉到時空及其更基本組成的活動之前，我們應該先解釋，時空結構是如何以及在何處生成的。例如，“弦論宇宙學”在我看來是個怪僻的研究領域：我們不能將度規寫下，將弦塞進去，然後就提出一套宇宙學理論。時空結構應該由弦的相互作用來決定。沒有時空之前怎麼可以把弦放在其中傳播呢？我們得先去闡明弦是如何構成時空，或至少能確定出一個弦可以自由傳播的特定領域。事實上，儘管在許多弦宇宙論的論文中不斷提到宇宙暴脹，那些比較誠實發表其成果的主要弦論工作者都有可能同意，他們還無法成功地從弦論得出宇宙暴脹的解。同樣地，要是大爆炸意味着時空的開端，那麼用流形結構建立的背景時空去思索大爆炸前的景況，是有點不倫不類的味道。

這個觀點帶建設性的面向是，它能提供一個不同而且或許更好的途徑去處理一些宇宙學重要的課題，像是“暗能量”的奧秘：為何今日的宇宙常數這麼小(相較於自然粒子物理能量的尺度)、又如此接近於物質的能量密度（所謂的“巧合”問題）？我在“時空凝聚體”一文裏也淺談了這個觀點在量子力學和廣義相對論上的意義，以及它和弦論、環圈量子引力的關係。從索爾金（Sorkin）、沃羅維克（Volovik）和文小剛教授的著作中，你可以閱讀到更多相關的知識。

最後，這個觀點對於宇宙的起源提出了甚麼看法？我認為要回答這個問題，相變或許是比較好的方式。我們居住在一個低能量（低溫）的相中，而我們對時空的描述只有在波長很長的條件下才可能成立。根據我們對於現時物理的了解，相變點有可能是在普朗克能量(記得我們說過，即使只稍微低於普朗克溫度，就算是低溫期)。在這個觀點下，宇宙的起源便是新的低能量相之始，就像水在冰點之下會變成冰一樣。對於無法在0℃以下生存的生物而言，冰點就是他們宇宙的起點和終結。

那麼，在這之前會有甚麼？從這個觀點着眼，我們不難想像會有個在這"起點"之前的時期，事實上，或許還存在着許多不同的時期和開始。這一點也不神秘。大爆炸之前（或許你會更喜歡"宇宙的誕生"這個更轟動的說詞），在時空結構中存在着一個不同的相。我們需要一組不同的變量去描述它的基本組成(不是度規或聯絡），需要一種不同的語言去分析它的結構(不是微分幾何)，以及一套不同的方程式去描述它的動力學（不是廣義相對論）。我們與夏蟲不一樣，因為即使我們無法在那樣的相中存活，我們依然可以思考那個相的屬性，甚至設

夏蟲不可以語於冰；人類與夏蟲不一樣，因為即使我們無法在那樣的相中存活，我們依然可以思考那個相的屬性。
(Credit: 蔡耀明)

計出一套工具去捕捉它的本質。這就是人類理性、意志、和心靈力量的表現。藉賴理論物理學，科學家無懼地向大自然叩問、探索，而你我也就是由這種力量的推使，在這時空點上相遇的。

—— 愧不能見！孰不可思？ *(夏蟲《冬詠》)*

翻譯：宋宜真

* 本文獻給余珍珠、胡彤斐、胡彤暉和趙安琪：感祈您們的關愛和寬容。

第九章

愛因斯坦或許錯了

勞夫林 (Robert B. Laughlin)

1998年諾貝爾物理獎得主

今天要談論的主題和宇宙無關，我想和大家探討的是我們所不了解的東西，特別是愛因斯坦所不了解的東西。在座大多數都聽說過相對論，那麼，我就用10秒鐘給大家解釋一下相對論：相對論就是有關運動着的物體的理論，業已為實驗所證明，但在微觀世界裏它並未經實驗證實。我今天的演講就從這裏開始。

物理學並非宗教，我們並不因為愛因斯坦智慧過人，就相信他的相對論正確無疑。我們相信相對論是因為實驗證明它是正確的，如果不經過實驗檢驗，就無法判斷這種理論的對錯。如今深深印刻在我腦海裏的正是尚未有實驗證明微觀世界中相對論正確與否。那麼這個微觀世界有多微小呢？我不知道，物理學裏的微觀世界是以“普朗克長度”來衡量的。如果大家問任何一位物理學家，相對論在以普朗克長度來衡量的微觀世界中正確與否，他們都會回答：我不知道。這才是真正的科學態度。

即使是愛因斯坦，也可能出了錯。

（Credit: Ferdinand Schmutzer）

引力理論預言了黑洞的存在

星系由引力（重力）所維繫。愛因斯坦在相對論方面進行了思考，創造出所謂“廣義相對論”，也就是引力理論。該理論美妙絕倫因為它所倚賴的基石只有兩個：一是相對論，二是對應原則，簡單點説就是所有的物體在引力作用下，不論其質量大小，墜落的方式是相同的。我們知道一個物體的加速度質量與它的引力質量相等，這一事實其實是由伽利略首先發現，並且隨後經過了許多美妙的實驗驗證，因此其真實性確鑿無疑。一個物體的加速度質量與它的引力質量相等。愛因斯坦對於這兩個概念思考許久然後創立了新的引力理論，即美妙的廣義相對論。這個引力理論成為我們如今思考宇宙（包括星系在內）的基礎。可是這個理論卻有點問題，現在我想為大家稍作解釋。不過我可以先告訴大家問題的答案。愛因斯坦的引力理論的問題在於：它預言了黑洞的存在。大家都聽説過黑洞，對吧？黑洞就像是垃圾桶，東西是只進不出。

現在我要用基本術語向大家解釋黑洞到底是甚麼，並且告訴大家為甚麼我認為愛因斯坦的預言是錯誤的。黑洞預言是物理問題，我想用類比的方法向大家解釋這個問題。我不打算在這裏教大家複雜的數學運算，我想介紹一些實驗。你們可以想像這些實驗就像是黑洞，對它們進行思考之後，你們很快就能理解這個有關黑洞的問題到底是甚麼，以及它可能所揭示的宇宙奧秘。在文末，我們再來回答“愛因斯坦出了甚麼錯”這個問題。如果他真的錯了，這無疑是對每個人提出警示：物理學是一門實驗性科學，我們可以通過思考來推測很多東西，但是我們很有可能會出錯，而且我個人認為即使是愛因斯坦也可能出錯。

我們要談的問題如下：相對論和等效原理是兩個非常簡單的概念，但是相對論的關鍵預言就是黑洞的存在。為了給大家解釋清楚這個問題，我得先解釋一個概念，也就是愛因斯坦的引力理論如何起作用。有一點很重要，那就是我們與質量到底距離多遠。

該理論的基本點就是：時間在太空中比在地球表面流逝得更快。換句話説，時鐘在遙遠的太空那裏跑離質量的速度比在地球表面這裏更快。這種效果千真萬確，我們得一直調整原子鐘的時間，因為很不幸的是，在地球表面的時鐘跑得比太空中的時鐘慢一點點，這種現象我們稱為引力時間膨脹效應。在座各位可能會產生疑問：這不是和相對論有出入嗎？相對論認為所有一切在哪裏都是相同的。我的答案是：實際與理論非常吻合，根本點就在於物理學的法則將隨着時間位置的不同而發生變化。我們只是改變了時鐘在地球表面運轉的速度而已，所有的物理法則都還是一樣。沒有哪種衡量時間的方法能放之四海皆準，而又不與物理學的法則相矛盾。

我們只能找到一種在某種環境下起作用的方法。地點不同，時間流逝的速度也發生改變，造成這種現象的原因就是引力。

海浪拍岸的現象

那麼，在給大家進一步解釋之前，我有必要提醒大家注意海浪拍岸的現象。你會發現海浪永遠是捲曲的，緊貼岸邊時也是如此。大家到海灘上會看到海浪總是直撲向海岸，絕不會從側面兜過來，原因非常簡單：水由深到淺，海浪的速度就越來越小，因此波濤洶湧而來，水位卻越來越淺，速度也逐漸減慢，但位於浪花頂端的海水卻依然保持原來的速度，所以整個海浪總是呈捲曲狀。一片海浪捲過，下一片接着跟上。

好，現在讓我們想像一下用光做同樣的實驗。如果時鐘在貼近地面時會越走越慢，那麼這裏的光速也似乎比在太空裏的更慢。因此，光就會發生彎曲，就像海浪一樣。換句話說，時間越來越慢，但是換一個角度來看就是：光的速度被放慢了。但是，光速是常量，不會變化的。其實這個說法是不正確的，相對論只是說在某個地點上時鐘可以衡量時間，因為在同一地點光速是不變的，但是絕不是說時鐘可以測量所有地點上的時間。如果大家堅持要在整個實驗過程中使用同一隻時鐘的話，你們會發現光速在地球表面比在太空中要跑得慢一點，

對吧？

其實誰也不知道進入黑洞以後會怎樣。恕我冒昧在黑板上寫下一個完全無關緊要的方程式，那些從事凝聚態物理研究的朋友們肯定會喜歡。如今這個方程就是宇宙理論方程，名叫“薛丁格量子物理方程”。就我們所知，這個方程描述了所有的一切，這個房間裏所有的一切：光，基本粒子，你，你的母親，照相機裏的半導體，所有的一切。但是請注意這所有的一切都是空間中的東西，而這個是時間。因此，我們熟悉的宇宙方程在時間停止的情況下同樣毫無意義。這也是為甚麼談到黑洞中到底發生了甚麼的問題，至今尚無定論的基本原因。一旦時間停止前進靜止不動了，量子力學立即失效，而且從我們現在做實驗所處的很遠的出發點來看，用實驗去證明量子力學都是毫無意義的。所以問題非常嚴重，時間停止是個非常棘手的大問題。

大家所思考的那種黑洞存在於星系的中央，其質量大概和一百萬個太陽相當。我們知道星系形成運動一直都十分活躍，但是卻無法理解，不過我們最擔心的就是星系中央的質量為甚麼十分巨大。大多數人都認為星系中央質量龐大，因此那裏肯定存在某個質量驚人的物體，這種想法千真萬確，我們需要嚴肅思考。這是一個問題，也許聽上去不可思議，但高密度且質量巨大的物體有可能存在，因此我們得思考那到底是甚麼東西。

時間停止是個假問題

現在我想跟大家討論一個物理問題，這樣考慮黑洞問題會稍許容易一點。注意，我說的是一個物理問題，在實驗室裏研究的物理問題。因此在這個方程裏我想告訴大家的就是：時間停止是個假問題，因為時間根本不會停止，其實是發生了某個物理現象，這就是我想告訴大家的。

好，我們首先思考一下聲音，聲音比光思考起來更容易一點。大家都知道聲音現象是由原子的無規則運動產生，但我們可能很難想像鋼板中的聲音現象，一塊鋼板裏的原子運動不可能是無規則的。如果我們把一塊鋼板冷卻到零度它還是有聲音，因為聲音現象和熱無關。聲音現象更加基本因為在溫度很低的東西當中仍然有聲音存在，而且思考起來比光容易得多。那麼我們就開始了，大家肯定會問：為甚麼聲音和光就一定不同呢？現在我不可能連篇累牘地給大家講解聲音現象，所以只能告訴大家問題的答案：這兩者是一樣的。聲音是一種量子力學現象，一塊鋼板中的聲音就是一個粒子，不僅如此，我們還能夠用量子力學方程計算出聲音的特性到底如何，於是得出結論：聲音和光的量子力學十分相似，兩者都擁有大量粒子，只不過這裏我們說的不是光子而是聲音。聲音中的粒子也互相碰撞，就像光當中的一樣；光會因為電子躍遷而產生衰變現象，聲音也會分裂。因此從物理學的角度來看，聲音的運動方式和光確實非常類似。

為了進一步解釋這個光與聲音的類比關係，我想談談液體而不是固體。把剛才的鋼板換成一罐氦，在沒有熱的情況下氦呈液態，它的基態處於哈密爾敦函數狀態，但會流動，有聲波存在。這些聲波也都是粒子，這些粒子和光當中的粒子很相似，我們把這些粒子稱為“聲子”，確實名副其實。我的意思是：聲波長度比原子之間的距離要長得多，聲音的特性其實非常簡單而且得到了普遍認同。那麼我們要談的就是極其簡單的物理知識了。為甚麼會這樣呢？答案很簡單：自然的特徵就是如此，自然萬物以相位存在：固體，液體和氣體。當溫度達到零度，我們所看到的是非常基本而普遍的物理特性，不受任何東西制約。這些特性的普遍性就是自然的特徵，在這裏我們所探討的相位正是液相。

玻色－愛因斯坦凝聚

那麼聲音在氦裏傳播的速度由甚麼決定呢？聲音的速度在氦裏是否總是勻速呢？不是，在其底部聲音的速度會發生變化，因為在地球上會受到引力的影響，而且底部的壓力比頂上更大，所以聲音的傳播速度會有少許變化，這也就意味着，聲音在氦表面會產生折射現象，就像上升到陸地表面的水和投射到地球表面的光一樣。

現在我們可以問這個問題：在氦裏有沒有聲音傳播速度為零的現象，就像光到達黑洞表面速度似乎就變成零一樣呢？答案是：有這樣的現象存在，這種非常特殊的現象在物理學上稱為"玻色－愛因斯坦凝聚"。這時那就不僅僅是氦，而是在極低溫度下呈現出特殊狀態的氦。

我想要把今天的問題講清楚，就得談談玻色－愛因斯坦凝聚，但是我想講的還是氦，我會把氦看作是一位理論家，後面會改變自己的方程。我認為這樣大家更容易理解將要提到的氣體實驗。

那麼我來提醒大家你們已知的一點，那就是描述流體的范德華狀態方程（van der Waals Equation of state）。這是基礎化學知識——壓力，體積以及在不同溫度下氣體的不同表現。在高溫下我們有理想氣體定律，可是一旦溫度下降，氣體就變平一點；溫度接着再下降，氣體就完全變平；如果溫度繼續下降，氣體就開始擺動；溫度還往下降低，擺動就更加明顯。這時候大家會說：哦！我知道怎麼回事了，化學中有關液體氣體共存的轉化過程剛才描述得不對。之所以會這樣是因為我們所研究的樣本實在太小，如果樣本再大一些，我們會發現這個擺動根本毫無意義，我們得把它前後聯繫起來再來談相位分離，因此一邊是相位分離變成液體，一邊是變成氣體，范德華狀態方程所描述的就是液體－氣體相位轉化過程。

那麼這和氦有甚麼關係呢？我們能夠人為地設計出氦的物態方程，氦的人造物態方程如此運作，注意，這些不是不同的溫度，而是不同的參數，哈密爾敦函數的不同參數，因此每一條曲線都代表了一種我們可能得到的超級流體氦。我說過這並非異想天開，因為這樣的東西在玻色－愛因斯坦凝聚現象中的確存在。

我們現在可以想像罐子裏裝滿了這種流體，沿着罐子而下，壓力就按照這條線逐漸增大。到了一定深度，流體的某個表面就處於一種臨界狀態，在那裏聲音的傳播速度就為零。我們把一個聲波發生器放在這裏，讓它發出聲音，然後再問會發生甚麼情況。當聲音傳出來的時候——可是大家要記住我前面解釋的海浪現象，這一邊的速度要慢一點因為聲音的速度也要慢一點。所以聲波會像這樣彎曲並且越來越厲害。聲波傳到那個表面的過程之中，速度就會越來越慢，然後就開始停滯。實際上，聲波永遠都不會到達那裏，正如光也絕不會到達黑洞表面一樣。

聲音的速度逐漸為零，為甚麼？

上面我所講的黑洞其實都來自於愛因斯坦的想像。但我剛才給大家講解的流體卻是真實存在的。量子臨界表面肯定存在，很有可能在某個實驗室裏已經得到了實現，儘管這個想法很瘋狂而且很難講，但是其完美的合理性是完全可以肯定的。注意，沒有甚麼時間問題，時間在這裏被完美地界定。所發生的一切其實是某個物理現象。聲音的速度逐漸為零，為甚麼？因為我們正接近於一個可怕的相位轉化點。流體位於這條線下，它便呈現霧態，就像現在外面的天氣一樣，十分糟糕。

講到這裏有點讓人精神分裂，我們不知道這到底是甚麼東西。它會成為流體嗎？會成為氣體嗎？我們無法下結論，在任何尺度中都無法下定論。如果我們製造出處於臨界狀態的各種流體，然後用光去測量它們，我們會發現它們看上去就像牛奶一樣，光無法在其中傳播，因為這些流體也無法決定自己到底是一種液體還是一種氣體，它們就像霧一樣，一團瘋狂的霧。可怕的事情發生了，其意義就是，在這種情況下聲音的傳播速度將逐漸為零。

現在讓我問一個問題：如果我們打開聲音然後出去吃晚飯會發生甚麼事？聲音會往裏面跑，跑呀跑，但卻永遠到達不了目的地，聲音還是一直往裏面跑。記住，此刻在這流體內部，其相位擁有聲音的特性，這是確切無疑的；因此聲音的方程式也都很準確，所以我們可以給出清晰的預言：聲音永遠都無法到達該表面，永遠都到達不了。你可以一直把實驗進行下去，你可以將足夠製造原子彈的精力都花在上面，聲音只會一直跑啊跑。很明顯它不可能到達終點，因為出了問題。大家對於黑洞也同樣可以得出類似的推斷。相對論當中所講的事情都很瘋狂，但是現在我們用常識都能清楚地知道出了問題。

那麼到底是甚麼問題呢？大家稍作思考就能馬上明白。實際上在那一點，流體的特性就開始損壞，是以非常微妙的方式在損壞。現在我在黑板上寫一個方程，希望能有點幫助，還是先寫了再說吧。這是M質量中某個自由粒子的能量－動量關係。這是某聲波的能量－動量關係。這是某理想流體的能量－動量關係。讓我把它畫出來，這個點就非常清楚了。這個聲子激勵的頻率－波數比看上去保持線性狀態，只要這個值比較大，但是如果它再大一點，該頻率－波數比馬上就轉變成二次方程。在轉變的那一刻的波長就是該粒子的量子波長。

現在問題就出來了，這時聲音理論仍然有效。如果我們用短尺度來測量一下，也就是對它提出較大的疑問，那麼聲音理論就不對了，可怕的事情就會發生：這個聲音根本就不存在。但是，如果我們用長波長來測量，則該聲音存在。因此很清楚在這個實驗中我們出了極限排序錯誤（an order of limits mistake）。我說過該實驗當中選取的頻率會非常低，低到聲音範疇中的最低值。可是實際上並非如此，在實際操作中我們選取了一個頻率，然後聲音就越來越貼近表面。這個尺度就會向下移動然後踢我們一腳。現在大家明白我們如何犯錯了。極限的錯誤排序是這個，這是E和Δ微積分。請大家告訴我你想要多麼接近的一個值，然後我來選定這個實驗中的頻率。現在我們按照另一個順序來做；而我總是能贏，因為我總能選定足夠低的頻率，所以真的就是如此。但是當我們真正做實驗的時候，情況就不同了。我們選定實驗頻率的時候卻發現，在接近那個表面的地方液體特性開始損壞；如果我們按照另一個順序來做，它卻總是出現損壞。也就是說在廣義相對論中，類似時間停止這樣的概念既是永遠正確也是永遠錯誤。一切都取決於測量時的長度尺度，此外要解答這個問題的關鍵是明白：在短尺度範圍內，相對論原理有可能出錯。

黑洞其實是時空真空的轉變過程

那麼通過以上類比我們知道，黑洞很有可能並不黑，它們其實是時空真空的可怕轉變過程，只不過我們用方程表達的時候出錯了，就像剛才聲音方程表達出錯一樣。為甚麼會這樣呢？因為聲音是長波現象，在相位組織進行過程中它也會發生轉化。如今的粒子物理學中的主流觀點其實就是時空真空促成相對論產生，而不是正好相反。

很多人認為我們生活的真空其實就是一種相位，就像液體、氣體、固體一樣。只不過不是這三種相位之一罷了，是另外一種相位，大多數人都認為我們生存於此種相位中實屬幸運，而且我們正好處於不同相位更迭的邊緣，用別出心裁的語言來說就是“力的統一”。當我們進入短尺度範圍內，誰也不知道我們究竟處於哪種相位之中。因此，我告訴大家的這些想法正在構成基本粒子的標準模式。

現在讓我們花一分鐘來回顧一下黑洞問題。既然我們不知道黑洞當中到底發生了甚麼，而且我們也不清楚黑洞另一邊如何用方程描述，於是我們就被困在這裏。但如果是剛才的流體實驗，我們還能進行計算，因為你們知道流體實驗當中任何事情我都清楚。我們可以這樣提問：假如你製造出了類似剛才流體實驗中的那個臨界表面，那麼它測量出來的特性到底如何？接着大家可能會問：如果黑洞真的是真空狀態轉化問題，那麼在真正的黑洞表面我們要尋找的另外一些東西到底是甚麼。這些計算其實非常容易，容易得讓人不敢相信。所以且讓我來談談這個。

理論上說這種計算是任何一個略具經驗的研究生都能做到的。我們寫出一個臨界狀態的量子方程，就像我寫在這裏的一樣，然後我們得到一個臨界表面。基本上這個是速度和深度的比值，因此速度通過這裏。我再提一下有關該表面的兩個關鍵點，其一是聲音在此表面仍然是定義完好的，只不過表述關係略有不同。因此該表面的聲音運動起來更像是自由粒子，的確與聲音很相似。它的首個可見衰變就是自由粒子衰變 —— 我們稱之為三角圖形。因此該聲子的首個衰變就變成三個，1 、2 ，3 —— 這一個使得所有這些能量增大轉變為熱。

所以，實際上當我們接近臨界點表面時，聲波就衰變成碎片。這也就回答了剛才的問題，我們能夠計算出在該表面上聲音振動究竟如何被捕捉住。當我們改變這個表面的動量時，就自然得到一個反射頻譜，此時這個曲線中的表面振動表現出奇妙的量子化規則，並呈現出系統性變化。該表面的聲音頻譜十分複雜，我們可以測量這個聲音的光譜學現象，測出這些奔跑着的共振子，這大概就是最有趣的一點了。當聲音傳過來然後碎裂開來，有可能其中某個碎片會回頭跳出來，也就是說會出現拉曼效應。如果我們將一束鐳射或者一股單頻聲源投射到該表面，那麼返回跳出來的頻譜就會形成非常特定的形狀，這個頻譜形狀取決於斜度那部分的方向如何，也就是說頻譜的某一面的變化非常容易見到。因此，事實就是這個聲音衰變過程同時在頻譜形狀和角度關係中表現出來，而且都十分典型。

黑洞發出光芒，散發熱量

以上所有計算，包括剛才的計算和我前面告訴大家的計算過程都非常可靠。那麼在聲音方面，我們可以運

黑洞會發出光芒，散發熱量。
（*Credit: NASA / Chaudra X-ray Observatory / M. Weiss*）

用所有的方程式。如果黑洞也發生了這樣的情況呢？計算似乎不可行了，因為我們沒有方程式可用。但是，這就是你們要探求的。如果黑洞表面並不黑，當我們將聲音投射進去，聲音就會返回來。同時，作為一個熱物體，黑洞有溫度，那麼其熱狀態下發出的輻射就是具備某個特定溫度的黑體輻射。因此，這個黑色表面其實根本不黑。有關黑洞的測試中有一個就是測試其到底是不是相位轉換效應，它其實根本不黑，反而是在發光，其表面的熱容量極其巨大，因為聲音的速度是如此緩慢。大家還能夠檢驗的就是它吸收了多少熱。因此事實上黑洞發出光芒，散發熱量，就像其他任何一種物體一樣，我們可以用頂部熒光強度、光譜學等來測量其表面。黑洞表面一點也不黑，只不過愛因斯坦引力場方程出了錯而已。

我今天的演講是從這個題目開始的：愛因斯坦可能出了錯。現在演講結束了，我希望大家能夠明白其實情況並非那麼糟糕。我個人認為廣義相對論很有可能是正確的，它是人類智慧最美妙的創造之一，可是該理論還有某些地方未經過檢驗，還有些地方可能該理論並不適用。我通過類比的手法告訴了大家這樣的情況如何會發生。講完這些我們再回到實驗科學，在座各位大都是青年人，我要說的就是你們還有任務要完成。在未來的某一天，某個聰明人也許能設計出並實現某個正確的實驗去檢驗這個理論，也許這個人至今還沒有出生。我目前並不知道如何去做這個實驗，可是實驗科學就應該如此，而且能想出辦法。今後如果有人能實現這個實驗，他將贏得殊榮。

也許愛因斯坦是對的，黑洞表面也的確是黑的。不過我不這麼認為，我認為他犯了一個非常明顯的錯誤，很有可能時間並沒有停止，而是時空真空發生了可怕的相位轉變，只是我們現在不知道如何去描述罷了。在這種情況下，黑洞表面的光譜學分析將會揭示極其重要的線索，也就是黑洞的另一面到底是甚麼。

翻譯：夏菁

重印説明

早在 2006 年，香港科技大學與商務印書館合作出版科普系列叢書，旨在把人類最前沿的智慧普及給大眾。《我們為何在此？》就是這套叢書的第一本。

香港科技大學高等研究院於 2006 年 6 月邀請著名科學家史蒂芬·霍金來港舉辦講座。為了幫助大眾更清楚地理解霍金的思想，主辦者預先準備了六場知名教授的公開講座。

霍金的講座探索宇宙的生成和發展，追尋人類起源，是科學求知精神的完美演繹，帶動了當時學習科學的風氣，那年學校報考物理系的學生明顯增加，書店科普書籍銷售顯著上升。霍金樂觀面對生命困厄，不斷探究宇宙奧秘，他不屈的精神，對遭受金融風暴之後的香港帶來了鼓勵和力量。商務印書館在講座之後即與霍金在劍橋大學的助手取得聯繫，獲得出版授權，2007 年 1 月正式出版，此後多次重印。

2008 年 3 月，香港科技大學與商務印書館發起科普閱讀運動，在出版之外，舉辦系列科普座談，派遣由科大學生擔任的「科普大使」，到中小學推廣科普閱讀，希望能在香港激發出一股扎扎實實的科普閱讀風氣，為香港這個商業城市，增加多元的社會發展元素。

霍金教授對此項計劃給予熱情支持，他特別題詞「為科普閱讀運動獻上我最摯誠的祝福，它將讓科學變得更加有樂趣和充滿啟發性」，勉勵香港讀者積極閱讀。

本書收錄霍金講座與答問全文，以及為霍金演講提供背景知識的幾場演講內容，其中包括諾貝爾物理獎得主羅伯特·勞夫林的〈愛因斯坦或許錯了〉。此外，本書還收錄一篇霍金女兒談父親的專訪，讓讀者不僅能掌握霍金的宇宙學思想，也能更了解霍金其人，是一本了解霍金宇宙思想難得的好書。

2018 年 3 月霍金辭世，他肉體雖已消失，但其永不放棄、堅毅追求知識的精神將永存人類心中。

本次重印，書中內容未作任何更動。特別增加重印說明，記述出版歷程，是為了感謝霍金教授給予香港讀者的啟發和支持。謹此紀念霍金教授。

商務印書館編輯出版部

2018 年 4 月